这个浮躁的世界，似乎不适合读书

印着密密麻麻的文字，显得不合时宜

但，总有些事情，不应该忘记

总有些思想，值得分享

于是，有了中华糕饼丛书

关乎糕饼的事，关乎糕饼的看法

中华糕饼丛书主编 **徐向辉**

U0212836

中华糕饼丛书

国饼经典

中华文化促进会糕饼文化委员会 编著

中国商业出版社

图书在版编目（ＣＩＰ）数据

国饼经典 / 中华文化促进会糕饼文化委员会编著． --
北京 ：中国商业出版社，2019.11
ISBN 978-7-5208-0955-9

Ⅰ．①国… Ⅱ．①中… Ⅲ．①糕点－文化－中国②糕
点－制作 Ⅳ．① TS213

中国版本图书馆 CIP 数据核字（2019）第 246539 号

责任编辑：孙锦萍

中国商业出版社出版发行

（100053 北京广安门内报国寺 1 号 ）

010-63180647 www.c-cbook.com

新华书店经销

廊坊佰利得彩印有限公司印刷

*

787 毫米×1092 毫米 16 开 12 印张 200 千字

2019 年 11 月第 1 版 2019 年 11 月第 1 次印刷

定价：38.00 元

* * * *

（如有印装质量问题可更换）

2019年，我们喜迎中华人民共和国70周年华诞。这是中国食品产业腾飞的70年，也是中华糕饼行业奋进的70年。

糕饼，是中华饮食文化、民俗文化重要的组成部分，与老百姓的生活息息相关。从岁时节令到人生礼俗，从中秋的月饼到嫁娶的喜饼，除了健康与美味，糕饼更被赋予了丰富的文化内涵，承载着人们对美好生活的期盼和祝愿。

改革开放以来，与食品产业飞速发展同步，新理念、新原料、新工艺等一系列创新和突破正在改变着糕饼的传统面貌，影响着百姓生活。各地糕饼企业在精研产品之外，越来越注重对糕饼文化的挖掘整理，越来越专注于地方特色食材的选取。打造独具地方特色的糕饼产品，日益成为糕饼行业发展的趋势。

新时代的食品产业正从高速发展向高质量发展转变，老百姓的餐桌也在与时俱进。在传承经典的基础上创新谋变，更加健康、美味、精巧、有特色的糕饼产品，正在成长为符合现代消费需求的新一代经典产品。

糕饼行业70年来的发展变迁，是新中国食品产业发展的一个缩影，也是百姓生活水平不断提高的真实见证。本书正是从这一角度出发，梳理了全国不同地区深受消费者喜爱的糕饼经典产品，汇编成书呈献给广大读者。旨在通过记录经典产品的传承发展历程，折射出糕饼行业前进的步伐，并对推动行业转型、创新发展有所启迪。

作为扎根于食品行业的专业媒体，《中国食品报》不仅是食品产业发展的参与者、见证者，更是食品产业成长的鼓动者、传播者。我们会一直关注和支持糕饼行业的健康发展，也期盼在行业同人的共同努力下，打造出更多的糕饼经典，更好地服务人民美好生活需求。

黄国胜

中国食品报社　社长

　　身处糕饼行业，我经常会遇到各界朋友提出的问题：什么糕饼最好吃？或者，在某某城市（地区）有什么好吃的糕饼呢？

　　对第一个问题，我的回答是，好吃的糕饼很多很多，没有"最好吃"这一说。这好像有点争辩的意味，没有为关爱糕饼的朋友们给出一个明晰的答案。

　　对第二个问题，我介绍云南的鲜花饼、台湾的凤梨酥、天津的十八街麻花等目前公众认知度高的糕饼，朋友们赞同；我介绍重庆江津米花糖、湖南湘潭灯芯糕、西安水晶饼时，朋友们看我的眼神里透着你是不是落伍的疑惑。确实，有些历史上曾经代表一个地区的优秀传统糕饼，有点儿不受现代消费者喜爱了。

　　社会在发展、时代在变化，糕饼业是在不断发展的、糕饼产品是在不断丰富、不断创新的。应当选取当下已受到消费者欢迎的、口味有特色、技艺有特点、文化有亮点的糕饼产品，可以是传统品种，抑或是创新品种，以及对品质有保障的优秀糕饼企业，向社会推介、向关爱糕饼的消费者推介，这是行业机构和权威媒体的责任。

　　这就是中华文化促进会糕饼文化委员会编撰《国饼经典》的初衷。

　　中国，地大物博。中华文化，丰富多彩，一体多元。各地的民俗文化、糕饼文化，既有相同的文化基因传承，又有各具特色的演绎和表达。传承与创新，是糕饼业同等重要的两大主题。中华糕饼，绵延千年，正是得益于既传承又创新，传承的是中华民族的节庆文化、礼俗文化，创新的是产品不断丰富、技艺不断精进。

　　把握时代脉搏，满足消费者不断提升的需求、特别是日益提高的文化需求，是糕饼企业的责任。中华糕饼，也将不断创造出符合时代的新的经典。

　　国饼恒久远，经典永流传。

中华文化促进会糕饼文化委员会　会长

　　历时一年的《国饼经典》书籍资料整理工作已完稿。本书收集的糕饼产品，以国内各地的传统产品为主。每款糕饼之所以成为经典，是因其均为所在地消费者喜闻乐见的产品，其用料、工艺、造型多采用传统的方法，体现出各地糕饼的经典味道。这其中，有建厂多年的国营老厂糕饼产品，更有一生从事烘焙糕饼行业老工匠的得意之作，也不乏国家级非遗技艺传承人的经典作品。

　　由此书将这些产品记录下来，算是为促进糕饼行业技术交流提供的一个引子，也是为糕饼爱好者清晰消费提供的一个说明手册。咀嚼糕饼是对产品的直接品尝，阅读经典则是了解产品文化、对产品内容的间接欣赏。

　　随着我国经济的迅猛发展，人们生活质量的逐步提高，生活伴手礼的需求也日益提升，糕点顺势成为生活伴手礼最好的选择之一。我国地域辽阔，各地的名点名吃数不胜数，随着交通和信息的发达，消费者可以关注和品尝到遥远地方的糕饼产品。近年来，生产原材料和机械工具不断改良，产品的加工工艺革新更是层出不穷，由此提升了各地糕饼产品的制作水平，带动了各地特色糕饼产品的旺销。

　　《国饼经典》除了对收录的产品有比较详细的介绍之外，也有较多产品的故事、产品生产过程、产品生产企业的介绍篇幅，以求达到知其然也知其所以然的目的。在此也讲一点个人在品尝糕饼时的感受，我们需以平常心看待国饼经典产品。往往被冠以名点名吃的产品，在消费者心中必先赋予其完美无瑕的形象，认为这类产品应该放之四海地既好吃又好看。国饼经典产品之所以成为经典，都会带有该产品产生的时间和地域环境的特点，是对当时、当地原料、加工方法，人们的口味的反映，是通过糕饼对这些方面的具体体现。由于地域不同，各地糕点存在着口味偏好的差异，我们在咀嚼糕饼的同时，也是对当地食材和口味审美的品尝、品味。

相信对于本书收录的各地国饼经典产品，每位不同地区的读者在此能找到味蕾的呼应。希望本书在糕饼业内人士读来，可看生产技术、看加工方法，细细揣摩还可探究产品背后的内质；普通读者可以通过此书，品产品、找共鸣，共鸣之余，此书还能作为糕饼产品消费的经典导引。

王玉强

中国食品报社糕饼研究院　院长

目 录

第四章　西南地区

第五章　华中地区

第六章　华东地区

第七章　华南地区

第一章

东北地区

玫瑰饼

川酥月饼

千层酥翡翠蛋黄月饼

五仁老月饼

流心奶黄月饼

莲蓉蛋黄月饼

草莓饼

开放包容、兼收并蓄，是东北地区糕饼文化的主要特征。多民族文化、中原文化，来自俄、法、日、朝等国家的外籍人士带来的异国情调，极大丰富了东北地区糕饼产品的口味。

富饶的黑土地孕育了东北丰厚的物产，勤劳智慧的东北人民将其妙手点染成为款款经典。

　　"玫瑰鲜花饼"是有着悠久历史的中式糕饼品种。

　　清朱彝尊的《食宪鸿秘》中记载了当时的制作方法。另据史料载，每当康熙来承德避暑或去围场打猎时，都把此饼作为专供食品享用。《清稗类钞》中曰：玫瑰花做馅，去玫瑰花橐蕊，并白色者。取纯紫花瓣捣成膏，以白梅水浸少时。研细、细布绞去汁，加白糖，再研极细，瓷器收贮。最香甜。正因如此考究的传统工艺，玫瑰饼不仅仅是有名的宫廷御点，更是用以宴客送礼。

　　老鼎丰第三代传人徐玉铎老先生，是从业 60 年的中式糕饼大师、国家特一级烹调师、中华名师、食品工程高级工程师，是我国糕点行业唯一一位享受国务院特殊津贴的专家。经过多年精心研制，徐老将传统酥皮技艺结合新派制馅方式，亲选地方特产玫瑰入馅，保证地道烘焙工序；所以老鼎丰玫瑰饼具有皮薄酥松、口感清新、花香醇正的特点；是全部利用黑龙江的本地优质食材打造的具有地方特色的糕饼新秀。

　　老鼎丰的玫瑰饼使用的玫瑰花更是考究，其玫瑰来自黑土地著名玫瑰产地的五大连池矿泉冷水玫瑰基地。五大连池市地跨四、五、六共三个积温带，无霜期近 120 天，年平均降水量 515 毫米，土壤肥沃，昼夜温差大，非常适合种植食用紫玫瑰，出产的矿泉冷水玫瑰花的特点是"香味浓郁、香味悠久"。

　　老鼎丰的玫瑰饼层次均匀，口感酥松绵软，玫瑰香味浓郁。其以精制小麦粉、油、玫瑰花、白砂糖等为原辅料，其做法是：用五大连池矿泉冷水玫瑰基地的鲜玫瑰花，摘瓣、去蒂用清水洗净后，腌制后与炒熟的蜜糖拌在一起，做成玫瑰馅儿；再用面粉和成的面团与发酵后的面团分层折叠后做皮，将馅儿包好，按扁，成圆饼形，上印"玫瑰"字样及鲜花图案；入炉烘烤 。

经过多年的推广及工艺改进，目前老鼎丰玫瑰饼已经独具特色，深受消费者喜爱；并多次在"地方特色产品创新"评比中获得殊荣，也作为政府接待的特色地方产品茶点，并被广为认可，可以说它是老字号品牌创新的杰出代表产品。

老鼎丰品牌作为首批中华老字号，多年来坚持真材实料、秉承传统，为百姓提供高品质的安全放心食品，深受广大消费者的喜爱和认可，赢得了消费者的口碑。

老鼎丰糕点月饼历史悠久。1989年9月哈尔滨出版社出版的哈尔滨政府地方史志，编撰的"哈尔滨之最"中，哈尔滨最受市民欢迎的月饼是老鼎丰月饼。老鼎丰月饼有"四个最"——产品质量最佳，品种花样最多，月饼品牌最早，企业效益最好。老鼎丰糕点是黑龙江省糕点行业的领军品牌。

川酥月饼是老鼎丰月饼的传承代表，早在20世纪80年代初就获得过国家级食品银质奖章，并连续多年荣获"金牌月饼""中国名饼""最佳月饼"等荣誉。川酥月饼集老鼎丰传统风味糕点之大成，几十年来经久不衰，在市场上独占鳌头。

老鼎丰川酥月饼，采用传统手工工艺精制而成，成型时采用浆皮包制酥面团的方式，生产用料深有考究，秘制馅料内含各种精品果料、籽仁，并添加由矿物质水滋润生长出的天然玫瑰花调制的酱料，烘焙火候恰到好处，生产出的月饼呈金黄色，外观形似浆皮，食似酥皮，柔软细腻，软中有酥，酥松利口，食而不腻。川酥月饼保持传统产品的味道，入口后玫瑰香、果香与各种籽仁香融为一体，回味无穷，是食品传统加工技术和工艺的完美展现。

产品具有酥软细腻、清淡爽口、皮酥馅香、多味融合、香味独特、久放不干等特点。

哈尔滨老鼎丰食品有限公司

哈尔滨老鼎丰食品有限公司前身始建于1911年，是国家商务部首批认定的"中华老字号"企业。老鼎丰品牌得赐于乾隆皇帝，至今已有200多年历史。

"秉承传统、创新发展"是企业的一贯做法。近年来，老鼎丰已得到了飞跃式的发展，2011年投资1.7亿元，近10万平方米的标准化工业园区投入使用，拥有9个现代化自动设备生产车间，企业员工800余人；目前公司年销售额达到2.5亿元，是东北地区最大的烘焙食品产业基地。老鼎丰产品包括月饼，节日性食品（汤圆、元宵、粽子、糖葫芦等），中式糕点，面包，红肠，熟食，生日蛋糕，西点，冰糕及冰棍等九大系列千款产品。

千层酥翡翠蛋黄月饼

千层酥月饼在传统月饼的基础上进行创新，掀起了月饼革命新风潮！在健康方面，千层酥月饼采用先冷冻，后烘焙的工艺，达到饼皮与馅儿的完美口感组合，繁杂的生产工艺只为提供更超群的舌尖美味。另外，它融汇传统文化，将中国人对翡翠与黄金的喜好引申到美食中，创造出翡翠蛋黄馅，彰显了中国人对传统金玉良缘的美好向往。中之杰品牌将人们的美好期盼融入中国传统糕点月饼制作中，体现了健康、美味、传统文化的完美结合。

外皮采用水油皮包裹油酥的开酥工艺卷制而成，使千层酥月饼的外皮呈现一圈圈均匀分布的层次，酥层清晰分明；内馅采用精制翡翠莲蓉馅包裹精心烘焙过的吱吱冒油的咸鸭蛋黄，使月饼馅呈现出外馅包裹内馅的双层效果，翡翠莲蓉的绿色与鸭蛋的金黄色完美结合，清香包裹着咸香，色彩绚丽、美味诱人。

长春中之杰食品有限公司

中之杰品牌创立于 2002 年，是集面食产品研发、生产加工、销售以及品牌管理输出为一体的现代化企业公司，公司旗下运营"中之杰""艾非克的时光"两大品牌。

中之杰现有长春中之杰、长春中之杰净月分公司、沈阳中之杰三家食品公司，拥有连锁店面 115 家，员工 1500 余人。连锁店面主要覆盖吉林省和辽宁省。随着新零售和互联网＋的发展，公司产品覆盖已走出连锁店，由东北三省延伸至全国市场。

中之杰产品有中式面食系列、西式产品系列、节庆产品系列三大系列产品线。自成立以来，公司一直视产品质量为企业生命，先后通过 ISO9001 国际质量管理体系认证、ISO22000 国际食品管理体系认证、SC 食品许可认证。公司实行规范化、标准化的管理，从原料验收、辅料配制、制作成型、蒸煮焙烤、冷却、包装到运输，全程实施食品安全控制。

产品如人品，中之杰为消费者的食品安全树起了一道坚实的品质盾牌。

五仁老月饼

　　五仁老月饼是东北地区独具特色的金牌月饼和风味食品，让人百食不厌。月饼以手工制作，饼体松软，色泽金黄，皮绵馅丰。馅料以精选的五仁为主，配料考究、皮薄馅多、五色俱全。轻轻切开松软的饼体，皮与馅相契相合，颗粒饱满的五种果仁馅料展现眼前，未品其味，仅观其形其色，就让人食欲大动。细细品味，甘香不腻，满口含香。2017 年，康福老月饼制作技艺入选沈阳市非物质文化遗产名录。

辽宁康福食品有限责任公司

　　辽宁康福食品有限责任公司创建于 1989 年，是一家主要从事食品研发、设计、生产、批发、零售于一体的大型综合性食品制造企业，拥有建筑面积达 40000 平方米的现代化园林式中央工厂及先进的全自动化 OEM 产品流水线车间。公司已发展成为东北地区首屈一指的食品加工企业，产品涵盖月饼、粽子、面包、糕点、烙饼、面条等 200 余个品种，并已延伸至有机农产品领域。

　　康福企业已通过 ISO9001 质量管理体系认证和 ISO22000 食品安全管理体系认证，并在辽沈地区率先获得了"全国工业生产许可证"，成为 QS 认证 A 级企业。

流心奶黄月饼

流心奶黄月饼是中国传统广式月饼的改良月饼，在保持中华糕饼文化的同时，又对其口味与外形进行创新，切实做到了"创不离本、新不离宗"。轻轻掰开月饼，金黄嫩滑的奶黄心呈半融化状溢出，入口浓香甘沙，在舌尖丝滑绽放。凭借着精良的技艺与考究的制作，流心奶黄月饼所表达的情怀也由心流出，让人回味。作为圆满中秋的上乘佳品，其情意盈盈，使人满足。

辽宁乐姿生活食品有限公司

辽宁乐姿生活食品有限公司位于辽宁省沈阳市，是一家专业的 OEM 食品代工生产企业。产品为糕点类、速冻面食、饼干类成品或半成品。

辽宁乐姿生活食品有限公司通过了 ISO-9001 质量管理体系认证和 ISO-22000 质量安全管理体系认证，是一家拥有全新高标准的现代化食品加工企业，其设计规划、工艺流程、检验手段、产能装备、净化标准都达到了国内先进水平。企业视产品质量为生命、安全管理为根基，制定了严格的管理制度和流程，扎扎实实打造一流的管理团队和员工队伍。

莲蓉蛋黄月饼是广式月饼经典口味之一，其特点是皮薄松软、造型美观、图案精致。用新鲜莲子熬成莲蓉加入香浓蛋黄作酥饼的馅料，清香可口，回味绵长。

味道新语广式莲蓉蛋黄月饼既保留了传统工艺做法，又根据现代消费者的需求进行了口味上的不断创新，是人们在中秋之夜，吃饼赏月不可缺少的佳品。

锦州市味道新语食品有限公司

锦州市味道新语食品有限公司成立于2008年6月，是一家集"现烤面包、生日蛋糕、精致西点、手工饼干、时尚水吧，美味西餐"为一体的蛋糕面包精品店。锦州地区现有12家门店，拥有现代化中央工厂一座。

公司倡导"时尚、健康、新鲜、美味、快捷"的现代生活理念，从原料的选择、流程的控制到售卖环境的设计，坚守品质，层层把关，精益求精。更不断推陈出新，以求达到天然、健康、营养的美食原则。

国饼恒久远

　　草莓饼选用新鲜草莓汁入皮入馅，外包裹进口白巧克力。"软皮＋馅中馅"的草莓饼可以吃到新鲜草莓的味道。

　　草莓营养价值丰富，被誉为是"水果皇后"，含有丰富的维生素与花青素等营养物质。尤其是所含的维生素 C，其含量比苹果、葡萄都高 7 ~ 10 倍。而所含的苹果酸、柠檬酸、维生素 B_1、维生素 B_2，以及胡萝卜素、钙、磷、铁的含量也比苹果、梨、葡萄高 3 ~ 4 倍。

丹东是中国最大的草莓种植基地，是中国红颜草莓的故乡。丹东希悦鸭绿江食品有限公司充分利用这一地域优势，聚焦草莓深加工，将草莓用于糕饼产品的制作，研发出营养丰富又健康美味的草莓饼。

草莓的香甜果味与巧克力、饼皮以及馅心甜香软糯的组合，使此款糕点既有传统糕点的内涵审美又有现代糕点追求的浪漫与时尚。巧克力装饰下的饼皮，更是让糕饼的颜值倍增。

丹东希悦鸭绿江食品有限公司

丹东希悦鸭绿江食品有限公司成立于 2008 年，是一家拥有旅游观光工厂、国际化办公写字楼及 16 家连锁店的集生产、销售、配送、服务于一体的食品专营连锁企业。公司现有员工 300 余人，产品有生日蛋糕、面包、中西点、咖啡饮品、西餐、月饼、汤圆、粽子等近百个品种。公司致力于发展民族烘焙业，创立了以"希悦烘焙"为核心品牌的连锁经营模式。

公司生产研发中心建设总投资 6000 万元人民币，占地面积 30 亩，总建筑面积 20322 平方米。将依托丹东——中国东港最大的草莓生产基地的地域食材优势，打造中国草莓深加工第一品牌，着力打造旅游食品精品文化，填补丹东乃至东北具有代表性的旅游食品的空白。

第二章　西北地区

红星软香酥
蛋黄酥
洋葱蛋黄烧
金瓜流沙月
炉馍
橘饼

西北地区的黄土高原是中国农业文明的发祥地之一，一直是传统的麻、黍、稷、麦、菽等谷物种植区。

随着丝绸之路的开通，西北地区最先享受到中亚和西方饮食文化的成果，外来文化和食物品种的传入，使这里的饮食文化具有鲜明的特点——糕饼品种丰富，多用杂粮，造型粗犷豪放。

红星软香酥

红星软香酥，系陕西红星软香酥食品集团有限责任公司生产销售的糕点食品。红星软香酥是关中地区酥皮糕点的换代产品，其文化可追溯到唐代流行的胡饼。

在 20 世纪，关中流行的月饼还是白皮月饼（点心），这种月饼自古以来陷料含有大量的猪油和糖，这对现代人来说算不上是健康食品。20世纪 80 年代中期，红星食品公司在传统糕点的基础上，总结出新式月饼的配方，为了追求健康，馅料以优质豆类为主，配以各种果仁、鲜花等，取名"红星软香酥"，其产品特点是酥软绵甜，入口即化，老少皆宜。

陕西红星软香酥食品集团有限责任公司

公司创建于 1998 年，是一家集食品研制开发、生产经营于一体的大型食品企业。其主导产品共四个系列 15 个品种，即甜味豆沙系列、无蔗糖系列、咸味系列、核桃系列，品种有白云酥、绿豆酥、黑豆酥、黑芝麻酥、果仁酥、玫瑰酥、巧克力酥、枣泥酥、无蔗糖黑芝麻酥、无蔗糖核桃酥、无蔗糖荞麦酥、肉松酥、椒盐酥、麻辣酥、核桃酥。

陕西红星软香酥食品集团有限责任公司生产基地位于关中腹地礼泉，销售总部设在古都咸阳。公司占地面积 150 亩，建筑面积 2 万平方米。

红星集团公司质量管理体系（即 ISO9001 质量管理体系）于 2004 年导入并持续运行，2013 年企业又导入了 HACCP 体系认证，从而确保食品的安全，使红星食品的质量安全管理上了一个台阶。

蛋黄酥

早期的中国传统糕点，多是由猪油与面粉混合加工烤制而成，口感略显油腻，口味及口感的单一，让消费者对糕点的审美疲劳日益显现。20世纪70年代，在宝岛台湾有"饼都"美誉之称的台中丰原，有人研发了无猪油、全是绿豆泥的馅料，产品的体积与分量仅相当于传统的小月饼。1978年，台中县糕饼人用红豆馅再加上蛋黄来调和红豆的甜腻，在传统酥点的基础上，研发出一款美味糕点——蛋黄酥。

蛋黄酥产品，承载着御品轩公司20年的产品用心，该产品入选"中华糕饼文化遗产"，是台湾大师阿昌师的匠心之作。公司的采购、生产各环节，严格甄选原物料，选用上乘鸭蛋黄和红豆，既能保证其品质和油性不似传统月饼那么干硬，也能让每一口都吃到粒粒红豆，香醇可口。为保证产品品质，在生产中，公司确保每一粒蛋黄酥都由工人手工制作而成。

蛋黄酥，经过御品轩公司不断研发改良后，一款产品拥有三层不同的口感，口感层次分明。第一层是水油皮，酥而不散，第二层是甜蜜的豆沙，紧紧地裹着第三层沙糯咸香的鸭蛋黄。外皮酥脆浓香，馅料软润，蛋黄咸酥，一口咬下去沙沙的，还有冒油的蛋黄。吃完以后意犹未尽，口齿留香。

陕西振彰食品有限公司

陕西振彰食品有限公司，注册商标为"御品轩"，成立于1999年，是一家批准成立的港澳台商独资专业化食品生产公司。

御品轩工厂占地30亩，生产设备先进，能满足企业未来永续发展的需求。公司规划总建筑面积30000平方米，一期建筑面积12000平方米，并且按照台湾观光工厂理念兴建（工业旅游），具有现代化的生产设备及卫生标准的生产厂房，并于2014年9月30日顺利取得ISO22000食品安全管理体系认证，并通过了肯德基STAR评估管理体系，目前是西北首家烘焙文化观光工厂。

公司生产的产品主要有蛋糕、面包、中西点、月饼、粽子、肯德基汉堡等近200种产品。公司目前拥有职工1200多人，管理骨干人员占20%以上，曾荣获陕西省著名商标、西安市著名商标、西安市名牌产品等荣誉。公司本着"台湾风味·精致美食"的生产宗旨，以"知味台湾"为品牌策略，不断引进新的生产设备及生产技术，开发出更多具有台湾风味的产品，为广大消费者提供更美味、更新鲜、更优质的烘焙选择。

洋葱蛋黄烧

此款产品的工艺源于蛋月烧月饼，蛋月烧月饼又称改良月饼，是以鸡蛋为主要皮料生产的一种新款月饼。主要特点是：表皮金黄色，口感松软，产品饼皮近似于蛋糕的口感。蛋月烧月饼蛋香浓郁，入口即化，具有松、软、绵、酥四大特色。

为顺应消费者的健康需求，通过营养专家和技术专家的共同指导，产品添加了富有食疗效果的食材——洋葱。据介绍，洋葱含有前列腺素A，能降低外周血管阻力，降低血黏度，可用于降低血压、提神醒脑、缓解压力、预防感冒。此外，据资料介绍，洋葱还有清除体内氧自由基，增强新陈代谢能力，抗衰老，预防骨质疏松的效果。

特色洋葱配上咸淡可口、清香四溢的咸鸭蛋给糕点添加了几分沙、软、鲜香，咸甜适中、香甜软糯，口口留香，成为一道不可多得的健康美食。

金瓜流沙月

这是一款以水油皮工艺为基础的糕点，饼皮层次丰富、分层清晰，奠定了产品达到酥润丰满的基础。

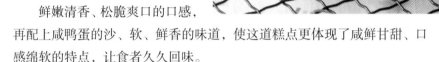

内馅的主料是本地特色食材——金瓜。据营养专家介绍，金瓜除了有人体所需要的多种维生素外，还含有易被人体吸收的磷、铁、钙等多种营养成分，又有补中益气、消炎止痛、解毒杀虫的作用。据资料介绍，金瓜对老年人高血压、冠心病、肥胖症等，亦有较好的缓解作用。

鲜嫩清香、松脆爽口的口感，再配上咸鸭蛋的沙、软、鲜香的味道，使这道糕点更体现了咸鲜甘甜、口感绵软的特点，让食者久久回味。

新疆葡萄树食品有限公司

葡萄树是一家集研发、生产和销售新疆特色旅游食品、糕点、蛋糕、面包、西点、月饼、粽子、精选葡萄干（为联合利华、雀巢供应优质的新疆原料），以及经营西餐厅等多元化的食品企业，在新疆地区具有较高的知名度。葡萄树利用新疆特色资源打造具有新疆特色的烘焙食品，给商品带来了差异化竞争优势。

新疆葡萄树食品有限公司目前在新疆的三个城市拥有 39 家专卖店和 1 个网销部、3 处中央工厂，其中昌吉工厂为占地面积 24 亩、使用面积 1.5 万平方米的旅游观光工厂，园区规划、内容规划及观光流程皆为新疆最大的观光工厂。目前有 260 余名员工，年销售额 8000 余万元。目前在上海黄浦区计划开设一家以丝路文化为背景的烘焙店，产品以丝路沿线特色为主打特色。

国饼恒久远

传说康熙皇帝率师西征噶尔丹，四月初二从榆林出发，"羽辔行边六日程"来到延安边堡，遂命大军宿营，自己扮成"脚户"私访，与当地人高善仁谈得开心。高将客人请回家，从里屋抱出一个罐子来，取出炉馍招待，客人品尝后，连声称奇，并向高了解炉馍的做法。临别时高送了客人一罐炉馍，客人脱下马褂，赠予高。后来高发现褂内锈有龙图，方知为万岁爷所赠。

时隔不久，朝廷派员专程到延安边堡请高善仁赶做炉馍。此时，恰逢中秋，消息一经传开，各州、县衙官吏借机向朝廷进贡，为此各路商家炉馍生意火爆，民间则家家都以炉馍相馈。从此以后，百姓称做炉馍的面叫上面（皇上用的），麻油叫作清油（大清珍品），称铁炉为"鏊"（传说康熙帝看了铁炉后称鏊），百姓吃炉馍用双手捧着，传说是对圣上的敬重。延安边堡东滩现在还保存着康熙皇帝品尝炉馍后书写的对联：金炉不熄千年火，炉馍常留万家香。

炉馍以做工精细、酥脆可口、馅味清香而闻名遐迩。做炉馍的工艺、用面、用油最为考究。面要用上好的春小麦面粉，猪油要色白纯净。面粉和油要严格按比例配制。制作时首先将面粉（米面最佳）用温火炒熟，拌上白糖、红糖、核桃仁、花生仁、果脯、玫瑰酱、芝麻、陈皮面等，再加上适量的熟清油、烧酒，搅拌均匀即成。

定边县付翔食品有限责任公司

定边县付翔食品有限责任公司始创于 1995 年。2013 年公司新建了 10 万级净化车间和生产指挥调度中心，大大提高了生产和管理效率。

2014 年，公司与南京纵连科技有限公司合作，安装了专业的烘焙软件系统。公司现已通过 ISO9001:2008 质量管理体系认证和 ISO22000 食品安全管理体系认证，正在发展成为更加专业化的现代烘焙企业。

汉中橘饼历史悠久，产品由来可追溯到周代。

相传，周幽王宠爱褒姒，一日见褒姒郁郁寡欢，周幽王很着急。有谋士就给周幽王出谋划策，找来了褒姒的娘舅，并安排宫廷御厨给褒姒端上来一款点心，褒姒信手拿起一个放在嘴里，便露出了温婉的笑容，不由自主地感叹，家乡的橘饼，真的好吃。

周幽王终于明白，原来王妃褒姒思念家乡了，便立刻安排王妃回家省亲。这就有了汉中橘饼的典故。

橘饼流传至今，工艺上不断发展创新。原材料选用更加严格讲究，精选小麦粉、鸡蛋、白砂糖、精炼植物油、奶粉、蜂蜜等食材。馅料选材更是精良，冬瓜蓉、腌制橘丁、熟制小麦粉、大豆油、糯米粉等。橘饼由初期的手工制作完成的传统食品，几经工艺改良，现在制作更加精良，口味和健康要求更加符合现代人的审美。细细品味橘饼，酥润可口，麦香的醇厚、橘香的清幽，间或从软润的橘饼逸出，倘再配以清茶一杯，定会使人心旷神怡。

汉中市艾的森食品有限责任公司

汉中市艾的森食品有限责任公司成立于 1997 年，是陕西省集糕点研发、规模生产、流通、销售、门店连锁经营为一体的现代化食品企业。业务已经覆盖陕西全省及周边省市。

公司已形成面包、糕点、月饼等门类齐全的产品生产研发体系，两个现代化生产厂，配套有先进的生产设备及专业化生产管理团队，日均糕点产能达 5 万块以上。

公司在汉中及汉中区域外有多个直营、加盟连锁店，公司持有"艾的森"品牌产品百余种，品牌影响力深植消费者心中。

第三章

华北地区

草原文化的粗犷，宫廷文化的典雅，官府文化的规矩，市井文化的质朴，还有清真饮食的讲究，都被包裹在华北地区的糕饼产品中。

丰富、广博、多元，华北地区糕饼产品以其极强的精品意识，彰显出强大的生命力。

京八件

京式糕点最初起源于华北农村和满、蒙民族地区。随着辽、金、元、明、清相继在北京建都，满、蒙民族糕点制作技术及南方糕点、回民清真糕点等逐渐传入北京。

北京稻香村"京八件"礼盒，八块为一套，八种馅料，八种不同的图案造型；因其源于宫廷，用料考究，做工精细而享誉京城，故称"京八件"。产品块型较大，八块约为一斤。包装设计完全还原了旧时的包装方式，红花绿底盒、纸绳捆扎、上盖红色门票，是老北京过年走亲访友必带的点心匣子，民俗特色浓厚。八种产品中又分为混糖、酥皮和油炸制品。混糖产品，精心选择油、糖、面等原料，按照规定的顺序加入和面机，搅拌成油

润、筋度适宜的面团，再包入各种馅料，用印有精美花纹的模具成型，再经严格的烘烤和冷却工序而成。酥皮产品，严格选料，经过包酥、下剂工艺，分成一个个大小均匀、层次清晰的面团，内部包入各种精制馅料，最后经过成型与装饰而成。萨其马则完全用鸡蛋和面，擀成面片后切条高温炸制，挂浆成型后以金糕丁、葡萄干、白麻仁、瓜仁等饰面，后切成方块形。八种糕点产品各具特色，酸甜适宜，口味多样，营养丰富。

状元饼

相传，乾隆年间有一个书生进京赶考，乡亲们纷纷为他准备干粮。其中，有一位膳师花了三天三夜制了一饼，并对书生说："这张饼不到万不得已不要吃"。书生赶考路上遇到狂风暴雨，被困七七四十九天。所带的干粮大多已经霉变，只剩下膳师做的饼还能吃，书生因此保住了性命。后来书生金榜题名，高中返乡。为感谢膳师恩情，他回敬给膳师重礼一份，膳师打开一看，原来是用红丝绸系花，乾隆御笔亲题"状元饼"三个金字的一盒酥饼。"状元饼"因而得名。

状元饼以油、糖、面、蛋混合精制饼皮，内包自制枣泥馅料，表面印有"状元"二字，饼皮酥松，有枣泥的香味。

自来红

京式月饼是北京稻香村传统焙烤食品的典型品类。北京稻香村的京式月饼吸收传统宫廷糕点制作工艺精髓，尊重传统，代代传承，至今制作工艺依然延续传统手工工艺制作，自来红等京式月饼采用传统提浆工艺。北京稻香村的传统京式月饼成为北京地区中秋佳节最为消费者称道的节令食品。京式月饼流传至今并广为称道与严谨的制作工艺密切相关，因此它们有着独特的工艺价值。

京式月饼馅料均采用桃仁、瓜仁、青丝、红丝、桂花、冰糖等拌制馅料，以桂花、玫瑰花、橘饼等天然食材调香，以芝麻香油和面做皮，经包馅、成型、烘烤。传统的制作工艺对食材的选择也十分考究，原料的质量和丰富性加之百年来的配方传承与工艺打磨，使产品具有丰富的营养价值。

我们现在所称的"京味儿"其实也是多种文化碰撞后的集大成者，并不是单一地域饮食口味的传承。北京作为六朝古都，它在饮食文化流变的过程中汇集了蒙古族、满族、金人等多民族饮食文化特色，兼容并包了宫廷饮食与民间饮食文化特征，荟萃全国饮食文化精华，最大的特点就是包容性强，文化底蕴深厚。北京稻香村以弘扬中国传统食品文化为使命，在北京日新月异的发展过程中，保持京味糕点的传统文化，可以为后人、为世人保持并传承老祖宗的生活习惯、饮食结构等传统。由此看来，北京稻香村的京式月饼手工制作技艺，有着弥足珍贵、不可或缺的文化价值。

京式月饼中的自来红、自来白，一红一白，是北京人十分喜爱的月饼，它们的得名来自不同的皮色，自来红是烫面制成的，自来白则是冷水面团，所以呈现不同颜色，自来红为棕红色，自来白为乳白色。自来红月饼是以精制小麦粉、花生油、绵白糖、水、小苏打等制皮，以熟小麦粉、麻油、瓜仁、桃仁、冰糖、青红丝等制馅，经包馅、成型、打戳、烘烤等工艺制成的皮松酥、馅绵软的月饼。自来红表面上有一个棕红色圆圈，这个圈就叫魔水戳。其实这个圈在烤制之前是看不到的，在烤完之后才会出现，所以叫作自来红。另外，自来红又叫作"丰收红"，有着良好的寓意。制作中的关键在于面团筋度的控制，馅料的软硬，面团擀制方法、包制手法、打魔水戳的力度等，只有每一步都做得恰到好处，才能做出正宗的京式自来红月饼。北京稻香村的自来红月饼保留了原汁原味的老味道，核桃仁、瓜仁、青红丝、冰糖颗粒的经典组合中嵌入桂花调香，清甜微酸的口感中满是冰糖颗粒独特的咀嚼感。

牛舌饼

牛舌饼，是一种有名的北京传统小吃。牛舌饼历史悠久，相传南宋孝宗皇帝到江南游玩，由于旅途劳累、再加国事缠身，使得胃口全无，吃什么都没有滋味，这可急坏了身边的陈妃。陈妃找当地的百姓为夫君做些点心，由于心急，做出来的酥饼呈袜底状。献给孝宗品尝时，想不到比宫廷御食还好吃，孝宗问这是什么饼，陈妃开玩笑说，这饼看着像袜底，就叫袜底酥吧，后来这名誉江南的点心到了北京，因叫袜底酥不雅，其形状又似牛舌，故被改名为牛舌饼。

牛舌饼表面呈金黄色，底部颜色稍深，馅内加有特制的作料、糖、盐等，口感酥软，甜中有咸，具有一种独特香味。采用传统起酥的做法，使饼皮层多而酥，最值得称道的还是那口口相传了百年的包酥到成型的手艺，师傅下手很是熟练，擀皮、折边、切酥、下剂儿、包球，将包好的球两手各拿一个搓长，擀制成长条饼，这牛舌饼能不能成型，可全都看的是这关键的一步，一搓一擀之间是老师傅经年累月的积累，更是北京稻香村百年来一直坚持的一份传承。

萨其马

传说，当年努尔哈赤远征时，有一位部下名叫"萨其马"的将军带着妻子给他做的点心，那种点心味道好，而且能长时间不变质，适合行军打仗。努尔哈赤品尝后大为赞赏，并把它命名为"萨其马"。

《燕京岁时记》中写道："萨其马乃满洲饽饽，以冰糖、奶油和白面为之，形状如糯米，用不灰木烘炉烤熟，遂成方块，甜腻可食。"

白萨其马以鸡蛋加面和成面团，擀成面片后切条高温炸制，挂浆成型后以金糕丁、葡萄干、白麻仁、瓜仁等饰面，后切成方块形。该产品炸时火色轻，色白，口感绵软甜香，有果料香味。

翻毛五仁

　　京式月饼是北京稻香村传统焙烤食品的典型品类。京式月饼馅料均采用桃仁、瓜仁、青丝、红丝、桂花、冰糖等拌制馅料，以桂花、玫瑰花、橘饼等天然食材调香，经包馅、成型、烘烤，传统的制作工艺对食材的选择也十分考究，原料的质量和丰富性加之百年来的配方传承与工艺打磨，使产品具有丰富的营养价值。

　　我们现在所称的"京味儿"其实也是多种文化碰撞后的集大成者，并不是单一地域饮食口味的传承，北京作为六朝古都，它在饮食文化流变的过程中汇集了蒙古族、满族、金人等多民族饮食文化特色，融合了宫廷饮食与民间饮食文化特征，荟萃全国饮食文化精华，最大的特点就是包容性强，文化底蕴深厚。翻毛月饼是京式糕点中的一员，清朝盛期，在北京及周边地区广泛流传。相传翻毛月饼刚出炉放于桌上，轻轻拍打桌面，酥皮即能飞起似雪如白鹅毛一般，浅尝一口，不黏不硬，鲜香软糯。慈禧甚爱此月饼，并赐名翻毛。作为老字号的北京稻香村有责任和义务将已近失传的翻毛月饼重新研制，让喜爱稻香村的朋友们再次品尝到绝顶美食。制作中的关键在于面团筋度的控制，馅料的软硬，面团擀制方法、包制手法、打戳的力度等，只有每一步都做得恰到好处，才能做出正宗的京式翻毛月饼。

北京稻香村食品有限责任公司

北京稻香村的发展历程，可以追溯到清光绪年间。1895 年（清光绪二十一年），南京人郭玉生带领几位深谙南味食品制作技艺的伙计闯荡京城，在当时最繁华的商业中心——前门大街外观音寺（现大栅栏西街东口路北）创办了"稻香村南货店"，主营自制南味糕点、熟食和小食品，这就是北京稻香村的源头。

1936 年，刘振英拜入稻香春老掌柜张森隆的门下，学习南味食品制作技艺，成为京城南味食品派系第五代传人。1984 年 1 月 22 日，北京稻香村南味食品店正式开业，标志着歇业半个世纪的稻香村重现京城，并焕发出了新的生机与活力。1994 年，北京稻香村成立了北京稻香村食品集团。

1999 年，毕国才作为第六代掌门人走上了企业发展的历史舞台，北京稻香村也迎来了一个新的发展周期。1999 年始，企业陆续通过了 ISO9000 质量管理体系、ISO14000 环境管理体系和 HACCP 食品控制标准的认证，企业管理逐渐向科学化、规范化迈进。2005 年，北京稻香村完成了体制改革，成立了北京稻香村食品有限责任公司，位于昌平区北七家科技工业园区的新生产基地正式投入使用，占地 200 余亩，建筑面积 15 万平方米，是全国最大的传统食品生产基地，大大增加了产能供应。目前公司共有连锁店 196 家，经销店 180 家，经销网点 455 个，经销专柜 668 个，分布在北京、天津、河北、山西、河南、辽宁、山东、内蒙古等省、市、自治区。2014 年，北京稻香村开始进行网络销售，辐射面进一步扩展至全国。

北京稻香村生产糕点、肉食、速冻食品、月饼、元宵、粽子等特色食品，共 16 大类 600 多个品种；员工约 3000 人，全系统（直营＋加盟＋经销）年销售额 68 亿元。

寿　桃

寿桃是中国传统的生日面点，最早出现于宋代。

宋人用面粉、米粉做成桃子模样为老人祝寿。宋代《梦粱录》《武林旧事》记载有子母仙桃、寿带龟仙桃。到了清代，有祝寿名品百寿桃，一个大寿桃中包含九十九个小寿桃，寓意长命百岁。

御茶膳房的寿桃 80% 是外部大桃，内藏小桃的设计。寿桃采用纯牛奶和面，添加 25% 的奶酪，保证口感更加松软，奶香味十足。

所有原料过筛，馅料、皮料过秤称重，严格按标准操作。手工包制小桃捏制 20 多次成型，葫芦需捏制 30 多次成型。制作成品时间从 6 小时至 24 小时不等，根据不同的加工工艺，工序从蒸制的 50 道至烤制的 138 道手续装配出成品。

喜　饼

喜饼，是中华传统婚庆文化重要的物质载体。相传，喜饼的概念出现在三国时，诸葛亮为刘备出谋献策，"借"得了荆州。孙权为了讨回荆州，假意称愿将自己的妹妹许配给刘备为妻。诸葛亮得知此信后，立即决定来个假戏真做。于是让做糖食点心的老师傅做了一万枚龙凤喜饼，派送到南徐城里的各家各户，并编出"刘备东吴来成亲，龙凤喜饼是媒证"的歌谣。

御茶膳房出品的喜饼分中式和新式伴手礼系列，有传统老北京婚礼必备的混酥五仁龙凤喜饼，用宫式龙凤吉祥模具制作，图案精美大气；还有新式大红印喜字鲜花玫瑰饼。喜饼皮酥馅细，口味丰富，果仁脆香，花香浓郁，唇齿留香。喜饼馅料五仁代表五福，玫瑰代表爱情，每款喜饼都寓意美好祝福，为喜事添姿添彩。

北京御茶膳房食品有限责任公司

清宫御茶膳房是在沿袭明代膳食组织的基础上，逐步融合完善形成的规模庞大的膳食组织机构，下设寿膳房、内外饽饽房、宫三仓、恩丰仓、酒醋房、御茶房等。自雍正元年至溥仪出宫，清宫御茶膳房一共存续200余年。

2001年由故宫博物院授权，北京御茶膳房食品有限责任公司正式成立。成立之初即被授予故宫督造之印（2002—2012年）主要经营中华礼食文化产业。

自成立起，御茶膳房始终致力于选更安全的食材，用更简单的方法，制作更纯正的中国之饼。御茶膳房出品的百寿桃、八仙祝寿寿桃、万事如意寿桃均已获得产品专利，成为京城寿桃的金字招牌。

清真传统京八件

　　清真京八件是天津市桂顺斋糕点有限公司的主营产品，也是备受天津百姓喜爱的糕点系列产品。京八件源于宫廷，后流入民间，桂顺斋品牌创办之初，从北京聘请糕点技师，结合回民小吃特点，研发出清真京八件，以选料严谨、工艺考究、操作精细、酥松香甜享誉津门。清真京八件包括"福、禄、寿、喜、吉祥、如意、状元、苹果"等传统京八件系列，名称寓意"福禄寿喜、平安如意、富贵吉祥"等八大喜事。成品块型各异，有心型、桃型、苹果型、圆型、长方型等；馅料口味各异，有枣泥、豆沙、红果、糖馅、甜咸馅等，是传统佳节、婚庆、祭祀的必备食品。

清真京八件系列产品经过原料采购、筛选配料、搅拌制馅、包制成型、烤制出炉、冷凉装箱、入库检验、配送运输等八道工序，其中包制成型环节均手工完成，因此清真京八件系列产品形状各异；在特定工序中添加香油，因此清真京八件香味浓郁；馅料制作严格按照传统工艺进行，因此清真京八件口味甜美，口感多样。

在清真传统京八件的基础上加以细化创新就是清真传统精细八件。其面皮和馅料使用的原辅材料均按照求优、求精、求特色的原则，并在特定工序添加自制小磨香油，精细八件造型工艺繁复，如炉粽子、羊尾桃、五福饼、蝙蝠饼、佛手酥等品类，均需使用自制特殊工具手工精制，馅料有枣泥、豆沙、红果等传统口味，因此清真传统精细八件不仅造型别致，精致美观，还酥松香甜，口味独特，是传统京八件的精品。

国饼恒久远

清真传统五仁月饼

　　清真五仁月饼是天津市桂顺斋糕点有限公司的中秋月饼的代表品种，
中秋节到桂顺斋买五仁月饼是许多顾客共同的心理认同。桂顺斋清真传统
月饼源于京式月饼，皮面为传统蛋浆皮，即以小麦粉辅以鸡蛋液、糖浆、
自制小磨香油按传统配方等制成；其馅料以果脯蜜饯、炒米粉、熟面为底
料，添加核桃仁、西瓜仁、松子仁、杏仁、麻仁
等五种籽仁，按照传统配方配比，用香油蜂蜜调
制而成。成品主要特点是甜度适中，籽仁丰富、
香味浓郁，彰显出京式传统五仁月饼的传统特色。

天津市桂顺斋糕点有限公司

天津市桂顺斋糕点有限公司是专业生产中西糕点、传统月饼、蜜馅汤圆、清真麻花的老字号清真企业，至今已有近百年历史。桂顺斋品牌始创于1924年，发源地为南市旭街芦庄子口（即现桂顺斋总店所在地），产品注册商标为"芦庄子"。桂顺斋自制产品以选料精良，做工精细、口味纯正、风味独特，受到广大顾客的欢迎。相声大师马三立，京剧大师马连良都曾是桂顺斋糕点的忠实顾客。

公司主要经营中西糕点、传统月饼、蜜馅汤圆、清真麻花、清真粽子、裱花蛋糕等自制商品，经销清真肉制品、名优礼品、特色商品等，如今在京津冀三地已拥有多家糕点专卖店和两家糕点生产基地。现已形成集清真糕点食品产、供、销为一体的经营格局，以货真价实和优质服务享誉京津及三北地区。同时作为天津市民族特需商品定点生产企业，坚持"正宗清真、传统配方、专卖经营、健康放心"的经营特色，为广大顾客尤其是回民顾客提供了安全优质的食品和真诚热情的服务。

2017年公司实现销售收入1.98亿元，利税3000多万元，经济效益是十年前的6.6倍，成为天津地区清真糕点第一品牌。

公司曾连续11次被评为天津市特等劳动模范集体，三次被评为"全国民族团结进步模范集体"、全国"五一劳动奖状"先进集体、全国诚信兴商双优示范单位。累计荣获全国、市区级荣誉近百项。桂顺斋"京八件"制作技艺获得市级非物质文化遗产。芦庄子－桂顺斋品牌首批入选"中华糕饼品牌计划"并荣获首批京津冀影响力品牌，榜样天津－京津冀协同发展贡献奖。企业连续三年获得纳税A级信誉等级。

桂发祥十八街麻花

桂发祥十八街麻花作为天津名片式的地域特产，已有近百年的历史。作为中华传统美食，从祭祀圣品到宴席珍品，再到民间佳品，从粗粝到膏环，再到馓子，在上千年的历史长河中，麻花扮演着不同的角色，演绎着多彩的传奇故事。麻花古时候叫寒具，始见载于《周礼》，经南北朝到唐、宋、明、清，寒具发展到今日的麻花，原料及工艺都有了很大改进。

桂发祥十八街麻花制作技艺始创于1927年，最初是由当时天津城中一位靠卖麻花为生的手艺人刘老八首创，因其店铺地处东楼十八街，故得名"十八街麻花"。刘老八创出一套和面、发酵和制作的独特工艺，在白面条和芝麻面条中间夹一条含有桂花、闽姜、核桃仁、瓜条、青红丝等多种小料的酥馅儿，炸出的麻花风味独特、香甜酥脆，且甜而不腻、久放不绵。经几代桂发祥人的努力，制作麻花的手艺越做越精，越做越细，"桂发祥"也更出名了。

自公司成立以来，桂发祥以"秉承百年基业，追求创新卓越"的企业精神和"务实、诚信、创新"的企业文化，将传统生产工艺与现代科技相结合、传统文化与现代时尚相融合，用精致的匠人精神呵护着桂发祥品牌，实现了从传统手工业到现代工业方式的转变，现已形成六大系列七十余款麻花产品，生产规模、技术创新及产品开发能力位居国内同行业前列，品牌价值得到有效延伸，有效保证了桂发祥十八街麻花制作技艺不失传、不走样，让百年老字号桂发祥的绝活儿在传承中持续创新和发展。2014年桂发祥十八街麻花制作技艺入选国家级非物质文化遗产代表名录。

津味小八件

八件最早是明清时期宫廷内制作的供祭祀、节日以及日常摆设、送礼等用的样式精细的糕点，后由御膳房传入民间，首先在北京城内流传开来，形成了"京八件"，再由北京传入天津。"津味小八件"是由京八件沿袭而来，是具有天津特色的传统糕点。

天津人对"京八件"从皮到馅到样式都做了改良，尤其是民国时期，在十里洋场、八方汇聚的天津卫，又将"八件"这种糕点提升到了一个新的高度，形成了流传至今的别具一格、自成一派的津味大八件和小八件，其中又以津味小八件最为上乘。

桂发祥精心研制的"津味小八件"饼皮层次分明、软而不绵、酥而不硬。馅料丰富多样，有枣泥、核桃、豆沙、山楂、百果、五仁、纯白莲蓉、雪沙葡萄干、椒盐芝麻等多种口味。传统图案形制，精美的造型均系经验丰富的糕点技师纯手工制作，样式有寿字饼、喜字饼、莲叶饼、佛手酥、荷苞酥、寿桃酥、梅花酥等多种精美花样。纯熟的制饼技艺辅以优质食材，打造出津门独一无二的"津味小八件"伴手礼产品。

　　糕干是天津一道美味小吃，始于明初，历史悠久。最早出现的是杨村糕干，杨村糕干是用纯米粉制作。而天津城区的糕干在杨村糕干的基础上做了提升改良，加入了各种水分更高的馅料，这样一来不仅调节了糕干水分低的干噎口感，更带来了丰富的味道，称为天津糕干。而且"糕"谐音"高"，在天津，春节是必须吃糕干的，取其谐音"高"的吉祥寓意，预示着新的一年里人人都"步步登高"，学子"高中状元"，寄托了人们对生活的美好祝愿。所以"天津糕干"成为天津农历正月人们最喜欢的糕点食品之一，传承至今，是天津的一道独具特色的小吃，糕内有高含量的软馅是其重要特征之一。

　　桂发祥遵循传统手艺制作的天津糕干，不仅延续了天津糕干的优点，还在原材料和糕干装饰上做了很多创新的努力，陆续推出七种口味的纯正馅料，堪称"什锦"，所以称"什锦天津糕干"，可以说，桂发祥打造出了什锦天津糕干的品牌。

　　桂发祥精心挑选优质产地的大米和糯米，经过严格的浸泡和磨制工艺制成细腻雪白的米粉，这是制作口味上乘的津味糕干之关键所在。桂发祥糕干的馅料目前有七个口味，豆沙、枣泥、紫薯、玫瑰、菠萝、草莓和山楂，口味纯正、选料上乘。对于糕干表面的装饰，桂发祥也用了很多心思，为了美观和口味放弃了传统的葡萄干，而是精选优质冻干水果干，有芒果、蓝莓和草莓，都是真材实料的新鲜水果用昂贵的冻干工艺制作而成，不仅完整保留了水果自身的色彩和香气，而且营养也没有损失，让每一块糕干都精致美观、香气四溢。

　　好糕干离不开好手艺，桂发祥制作糕干的师傅个个儿手艺精湛，旺火快蒸出来的糕干，块型方正，棱角分明、洁白宣软、米香四溢，来到天津一定要尝一尝这热腾腾的美味！而即便是放凉的糕干，爽利微干的口感与甜美湿润的馅料更是相得益彰，别有一番美妙滋味！

所以，精选原料、匠心精致、品质上乘的桂发祥什锦天津糕干是真正的"新鲜米香什锦馅，真材实料手艺精！"吃起来是真正的"松而不散，软而不黏；香而不燥，甜而不腻！"

天津桂发祥十八街麻花食品股份有限公司

天津桂发祥十八街麻花食品股份有限公司是久负盛名的中华老字号企业，主要从事传统特色及其他休闲食品的研发、生产和销售。公司的产品包括以十八街麻花为代表的传统特色休闲食品，以及糕点、甘栗、果仁、酥糖等其他休闲食品。主打产品"桂发祥十八街"系列麻花，采用传统工艺制作，以酥脆香甜、久放不绵的特色享誉海内外，其制作技艺入选国家级非物质文化遗产代表性项目名录。

多年来，公司始终坚持"秉承百年基业，追求创新卓越"的经营理念，大力实施品牌战略，走传统食品与科技相结合的道路，在传承中不断进行品牌提升和价值创新，完成了由传统产品向知名品牌的转化，从一间小小的手工式作坊发展成为极具规模的名牌企业，走向了世界。2016 年 11 月 18 日，公司正式登陆深圳证券交易所 A 股中小板，标志着桂发祥迈入全新发展的重要里程碑。

此外，公司还十分重视企业文化内涵的挖掘和整理，运用自己独有的企业文化去塑造品牌、宣传品牌。从突出老字号的历史渊源和深厚的文化内涵入手，将弘扬传统文化与满足市场需求相结合，不断调整产品的市场定位，致力于将十八街麻花这一传统食品打造成为具有现代元素的特色礼品。同时，不断挖掘企业的文化内涵，塑造全新的视觉形象识别系统和企业形象识别系统，以文化创新企业形象，为产品注入了鲜明的民族文化和地域文化特征，迎合了消费者的需求，赢得了市场的主动权。十八街麻花作为天津代表性特产，以其"礼尊贵、情长久"的情感诉求传达了中华传统文化的浓郁特色，成为人们探亲、访友、旅游的礼品以及商务交流沟通的纽带。

郭杜林月饼

据民间口碑和相关文字资料记载，山西"郭杜林"晋式月饼起源于清康熙年间，距今有300多年的历史。"郭杜林"晋式月饼是山西特殊地域条件下产生的反映山西民间文化习俗的特产，"郭杜林"晋式月饼精选原料和辅料，皮面揉制手法与馅料制作工艺独到，米稀上色时机讲究，吊炉型制独特，烘烤火色温度依赖人工控制，窨圈熟藏而使其香味浓郁，感官特色明显，口感上佳。

"郭杜林"晋式月饼有段带有传奇色彩的故事。"郭杜林"乃是太原城内一家糕点铺的郭、杜、林师徒三人。某年中秋卖饼旺季将至，一日三人因饮酒过量误了做饼时辰，导致早已和好的饼面发酵。三人心想坏了，发酵的面不能做饼皮，重做时间来不及了。掌柜的知道了一定追究，郭姓师傅急中生智，指挥徒弟二人急忙往发酵的面中掺和生面，并加入小麻油、饴糖做成一种包馅饼。不想，这批口味新鲜别致的馅饼在中秋上市，很受人们欢迎，买卖很快就兴盛起来。从此，这种特殊技艺制作的馅饼在市场上流行开来，并成为太原人中秋节独具特色的食品。后来，人们为了纪念这师徒三人，便把此饼称为"郭杜林"晋式月饼。

　　清末民初，"郭杜林"晋式月饼以"酥、绵、利口、甜香、醇和"的口感特征称著于世。据民间传说，清光绪二十六年（1900），慈禧太后携光绪西逃，路经太原，山西巡抚以本地名产"郭杜林"敬献太后，慈禧品尝后，大悦。回鸾京城，仍念念不忘，遂钦定为贡饼，至此郭杜林名扬京城。晋省要员以食用郭杜林为荣。民间称郭杜林为"太后饼"。辛亥革命后，阎锡山的秘书孙奂仑不信，便独自微服暗访，品尝后赞不绝口，遂乘兴挥毫亲书"双合成"三字赏予掌柜。至此，双合成老铺名声大振，成为山西糕点行业的著名老字号。每逢中秋，人们都会怀着浓浓的乡情和祈盼团圆的心愿品尝"郭杜林"月饼。可见"郭杜林"晋式月饼已经成为山西中秋风俗和节日饮食文化的代表性符号。

　　"郭杜林"晋式月饼纯手工制作技艺和口传身授的传承方式，保留着明清以来山西民间制饼业的传统技艺。而"以面为馅"的特殊工艺，具有北方制饼技艺的特征。其形制古朴，口味淳厚，酥绵爽口，甜而不腻，以"酥、绵、利口、甜香、醇和"的口感特征著称于世。

蛋月烧

双合成蛋月烧最初称改良月饼，创始人为现任双合成董事长赵光晋。1986年，双合成经理赵光晋为解决月饼油腻的问题，想出给月饼面粉里加鸡蛋的主意。经过半年的时间，她几乎日日夜夜带着员工在店里研制，终于获得成功。这种月饼看似简单，工艺却相当复杂，口味也很特别，一经推出立刻在市场上走俏，成为双合成的主打月饼。2000年又改名为蛋月烧。

口感：蛋香味浓，饼皮绵、软、松、酥，入口即化。外观：圆，厚，棕黄色。此月饼形态憨厚、品种多样、好吃实惠。

晋式蛋月烧月饼主要品种有：椒盐月饼、花生月饼、玫瑰月饼、豆沙月饼、黑芝麻月饼、五仁月饼、菠萝月饼、糖醇豆沙月饼、蛋黄枣泥月饼、桂圆红枣月饼、山楂月饼、椰蓉月饼、金桂花月饼、枣泥月饼、绿豆蓉月饼、葡萄干月饼、低糖黑芝麻月饼等。

太原双合成食品有限公司

清道光十八年（1838），"双合成"字号创始于河北省井陉县横口镇，取"二人合作必能成功"之意而得名。曾在石家庄建立分号，后扎根太原。1985年以来双合成在党的十五大代表、全国劳模、著名企业家赵光晋总经理的领导下，始终坚持弘扬民族传统文化，发扬勤俭、诚信的晋商精神，谨遵"利从仁中取，财从信中来"的祖训，铸就了勤俭创业、诚信行商的"和合"文化。遵循"质量为命、创新为魂、品牌领先、文化为本"的经营理念，不断改革创新，开拓了双合成辉煌前景。

公司现有占地150亩的现代化食品生态工业园区，有多条国内先进的全自动生产流水线，做到全机械化流水作业及无菌封闭生产，通过ISO9001国际质量管理体系认证、HACCP食品安全管理体系认证等标准认证。公司现有100多家连锁店，上千个销售网点，销售网络遍及全国二十个省市。双合成电商体系有天猫旗舰店、天猫专卖店，同时与京东、拼多多等各大平台均有销售合作，并建立了物流发货云仓及产品行销网络。

丰镇月饼

　　丰镇市位于内蒙古自治区中南部，河北省、山西省、内蒙古自治区三省区交界处，是自治区的南大门，素有"塞外古镇、商贸客栈"之称。丰镇月饼起源于清光绪年间，历史悠久。丰镇月饼传承了胡饼的制作技艺，原料只用面粉、胡油、食糖和少量碱面揉和烤制而成。丰镇月饼以泥糖月饼为主，刚出炉时，饼内层次分明、面锋如刀、入口松软、绵甜悠长、油而不腻，成为蒙晋月饼的优秀代表。

丰镇市海鹏食品有限公司

　　丰镇市海鹏食品有限公司创始人魏海鹏，师承于丰镇十大糕点行社之首的隆兴元，1989年创立丰镇海鹏月饼，传承正宗丰镇月饼两百多年的文化精髓，用心选料，科学配伍，打造丰镇味道、蒙晋特色内蒙古名饼。

　　海鹏在传承丰镇月饼文化的同时不忘与时俱进，多次与技术质量监督局制定"丰镇月饼"生产标准，促进行业发展。为迎合现代健康理念与口味需求，海鹏食品凭借先进的研发技术与丰富的烘焙经验，创造性地在传统月饼制作过程中添加奶粉，选用世界乳业十强品牌新西兰天然优质奶粉，烤制出的月饼蓬松酥软，更加可口。另外添加天然优质蜂蜜，使出炉的月饼色泽鲜艳，口感升级的同时营养更丰富。

蛋黄酥饼干

蛋黄酥饼干又叫杏元饼干，是由精制小麦粉、鲜鸡蛋、植物油、白砂糖等原材料，经过搅拌，挤压成型等工艺，烘烤而成。

这款点心是由传统蛋糕类制品演变而来，既有蛋糕类产品鲜明的蛋香味，又解决了蛋糕类制品保质期短的问题。蛋黄酥饼干工艺考究，产品历史悠久，保存了几代人童年曾经美好的记忆，产品一直保持着传统酥脆的口感，香甜的口味，金黄色的外观。

在消费者更加注重膳食平衡和营养美味的当今，蛋黄酥饼干又体现出其产品原料简单淳朴的特点，日益成为健康休闲糕点食品的代表。

鸡蛋煎卷

鸡蛋煎卷源于我国北方民间一款叫鸡蛋煎饼的食品，成熟的鸡蛋煎饼产品为卷形，饼皮外面附有调味的蔬菜或者肉粒，口味鲜香。在我国北方一些地区，常以此作为临时充饥或者一餐的补充食品。鸡蛋煎卷是由精制小麦粉、鲜鸡蛋、植物油、白砂糖等原材料组成，在中国传统煎卷的基础上，融合现代饼干食品的工艺特点，经过搅拌、挤压成型，烘烤而成。

尽管鸡蛋煎卷形体小巧，但该类产品要求的口味要点均很完备。酥脆的质感，香甜的口味，金黄色半卷的外观，粒粒芝麻配合着产品的蛋香味，令食客吃来更加香甜可口，回味无穷。

一口酥

一口酥兼具宫廷糕点与民间糕点的特点，由精制小麦粉、鲜鸡蛋、植物油、白砂糖、麦芽糖等原材料组成。其最初工艺源于混酥类糕点，在中国传统酥饼的基础上，重新改良配方，对部分工艺进行改革提升，避免了容易引起产品起筋变硬的缺点，并实现了批量生产。经过搅拌，挤压成型，烘烤而成的一口酥，小巧酥薄、食用方便，酥软的口感，香甜的口味，成为市场营养健康糕点的选择。

保定市军威食品制造有限公司

保定市军威食品制造有限公司坐落于历史文化名城河北省保定市，公司成立于 1994 年，主要生产蛋黄酥、鸡蛋煎卷、一口酥、锅巴、月饼等清真特色糕点。厂房面积 8000 平方米，拥有五条 90 米国内先进的蛋黄饼干流水生产线，日产量 20 吨以上。多年来，经全体员工的不懈努力，公司已逐步成为生产、销售清真食品的现代化企业。

第四章

西南地区

经典玫瑰饼

云腿小饼

云腿月饼

川饼月饼

云腿月饼

经典玫瑰鲜花饼

金沙火腿月饼

罗汉酥

涪州巴粑

麻饼

西南地区，物产丰富，林牧业发达，少数民族众多，饮食文化在交流中碰撞融合。

西南地区糕饼产品，风味特色鲜明，别具一格。云腿、牛肉、花椒、藤椒、玫瑰花皆可入馅，口口惊艳，余味绕梁。

经典玫瑰饼

经典玫瑰饼，作为嘉华畅销十数年的鲜花饼，是各地游客一定会带一份回家的云南特产。嘉华的玫瑰饼的玫瑰花均来自自有的千亩双有机认证玫瑰庄园，该园位于云南曲靖马龙，与世界级优质有机玫瑰产区处于同一纬度，拥有国家有机和欧盟有机的环境标准认证。马龙海拔1850米，区别于其他地方的阳光暴晒，日均日照13小时的冷阳光，充裕而柔和，年均降水1000毫米，年均气温15℃，昼夜温差10℃。尤其是该庄园采用天然山泉水灌溉，拒绝一切化肥和化学农药。取自天然，回归天然，最原始的生态，还原食物最本真的美味。

千亩的高原有机玫瑰中，花农只挑选50%半开的妙龄玫瑰进行采摘，所有的采摘工作，必须在上午9点前完成，以保证采摘下来的玫瑰花香气最为浓郁。为保证玫瑰花的新鲜，全程采用4℃恒温冷链运输，并保证在鲜花采摘后8小时内制饼。选用低热量的猪油植物油调和油脂，与优质面粉交错叠入，手工擀制面皮起酥。将新鲜的高原玫瑰馅料包入其中，放入烤箱，170℃烤制15分钟。

无论是用料还是制作工艺，都有嘉华独到的讲究。新鲜出炉的经典玫瑰饼，饼皮层次分明，酥脆掉渣。

嘉华鲜花饼

经典玫瑰饼
高原有机露水玫瑰入馅，现烤酥香呈现

人气产品NO.1

云腿小饼
300年云南老味道

糕滇点共

经典原味
云腿小饼最初的味道，一肚子的宣威老
香中带甜不油腻。

云腿小饼

嘉华云腿小饼源起月饼，在云南已经有300多年的历史。

300多年前，永历皇帝退居云南昆明。御厨偶然间用火腿切成丁混以蜂蜜、白糖做馅，做出了一款新的糕点。永历皇帝吃后，龙颜大悦称之为"火腿包子"。火腿包子历经数代云南糕点师的改良，从"火腿包子"到"火腿四两钪"，再到"云腿月饼"。最后由云南嘉华的糕点大师在云腿月饼的基础上创制了"云腿小饼"，成为云南历史悠久，独具特色的滇式糕饼之一。

云腿小饼所用火腿均来自云南宣威乌蒙土猪，精心腌制，牛骨针刺精选而出，肥瘦分离，高温蒸煮，保留了火腿的醇正香味。配以传统滇式饼皮，金黄酥香，一口一个，酥香可口，现已成为云南特色的休闲小点。

云南嘉华食品有限公司

云南嘉华食品有限公司成立于1988年8月8日，总部位于云南昆明，是云南本土大型烘焙企业，旗下拥有大型连锁烘焙品牌"嘉华饼屋"、知名伴手礼品牌"嘉华鲜花饼"、云南高端烘焙连锁品牌JUST HOT。

公司集研发、生产、销售为一体，经营品类涵盖面包、蛋糕、西点、中点、咖啡饮料、月饼、汤圆、粽子等产品。现有员工5000余人，连锁门店近300家，遍布云南省内各州地。

三国时期，蜀人已经有了制作酥饼的经验，相传三国益州之战，蜀军大胜，蜀主刘备特命制作酥饼犒赏三军。庖厨得令，为表喜悦之情，将酥饼进行了创作，制成的饼型圆而饱满，酥皮层卷，其味香酥绵润，回味悠长。士兵尝之，无不称赞，军中广为流传，为表感激之心，谓之"川皇酥"。

刘备闻之大悦，大赏庖厨，令其以此为制饼之范。故蜀人制饼，多依其方，表里层叠，膏馥绵邈，自成一体，无论方圆巨细，尺寸铢两，均有定格，谓之"八制"，因其型如盘龙，又似龙眼，并有八制之说，故此饼亦名"盘龙酥""龙眼酥""龙颜酥""八制饼"。后来时代更迭，此饼逐渐淡出人们视线，但因川人对美食的喜爱，川皇酥流传至现今四川眉山一带，成为当地名小吃"龙眼酥"。

四川爱达乐食品有限责任公司，自创始之初就意识到传统糕饼文化的重要性，致力于将四川糕饼和四川饮食文化发扬光大。公司投入大量的人力及物力在川味烘焙的研究上，追根溯源，找寻到"龙眼酥"是"川皇酥"的传承，并考证了川人制饼的核心工艺。

为了使产品符合现代人的食用方式和健康理念，爱达乐联合川菜大师彭子渝以及全国优秀的十大糕饼大师，潜心研究川式糕点数十年，承继川皇酥技艺精髓，并对其进行创新改良，独门调制的馅心与千年酥皮工艺完美结合，形成皮绵润、馅沙润、心滋润的三重风味，带来前所未有的味觉震撼，广受消费者的喜爱。

爱达乐不断创新研发，将"川皇酥"大力发展了以青花椒卤肉川饼、藤椒牛肉川饼为代表的系列产品，统称为川饼。爱达乐川饼在川内已经形成良好的口碑，中秋时节很多顾客都会选择爱达乐川饼作为中秋礼品及与家人分享的产品。

四川爱达乐食品有限责任公司

1996 年 11 月，爱达乐成立于四川德阳，是一家专业从事面包、蛋糕、西点、饼干、川粽、川饼和川礼等烘焙食品的研发、生产及销售为一体的现代化企业。公司成立之初，便以"用心创造美味·以爱传递快乐"为市场理念，打造出深受广大顾客喜爱的品牌。

爱达乐拥有现代化的透明工厂、全套先进烘焙生产线，并聚集了一批高素质的技术人员和管理人员。20 多年来，爱达乐一直以精致时尚的品牌形象呈现在四川年轻人的视野之中，先后于成都东方广场、喜年广场、青羊万达、眉山万达、资阳万达、德阳希望城等各大城市时尚地标开设直营门店，截至目前爱达乐直营连锁门店达到 260 余家，职工 2800 余名，成为全省乃至西南地区规模最大的烘焙企业。

基于对四川人文地物的深刻理解，以及 20 余年的专业积淀，爱达乐开启了对烘焙新的探索之路。着力打造川味烘焙品牌，发扬四川美食文化，在烘焙的世界里，"遇见爱达乐，回味四川"这是作为四川本土企业的责任，也是爱达乐难以割舍的家乡情怀。

川皇酥

纯手工酥香润

云腿月饼

云腿月饼是云南最具特色、最具代表性的糕点品种。云腿月饼历史悠久，雏形最早见于明末，南明永乐皇帝（约公元 1649 - 1656）吃云腿包子的传说，距今已有300余年的历史。清光绪三十三年（公元1907）陈惠生、陈惠泉兄弟始创吉庆祥，1922 年迁至昆明经营，并创制硬壳火腿月饼。

云腿月饼配方及工艺独特，以宣威火腿为主料，辅以蜂蜜、猪油、白糖等为馅心，用昆明呈贡的紫麦面粉为皮料烘烤而成，其表面呈金黄色或棕红色，既有香味扑鼻的火腿，又有甜中带咸的诱人蜜汁，入口舒适，食之不腻。2014 年入选云南省非物质文化遗产名录。

昆明吉庆祥食品有限责任公司

吉庆祥老号始创于1907年。1956年公私合营时期，吉庆祥合并了合香楼、翠香楼、德美轩等13家糕饼铺，成立昆明吉庆祥糕点厂。2003年经改制，组建股份制的昆明吉庆祥食品有限责任公司，云腿月饼的技艺也得到了融合与发展。

吉庆祥通过不断的改进和创新，不断向全国推介滇式糕点，以云腿月饼为代表的滇式糕点的知名度不断得到提高。2008年7月，吉庆祥被列为全国烘焙行业的邦式代表企业，滇式糕点终成一派。

经典玫瑰鲜花饼

　　中国人食用鲜花的历史非常悠久。唐代武则天时期，每年农历二月花朝节要采撷鲜花蒸制花糕。到了宋代，文人雅士更是爱用鲜花入馔，追求情致意趣。至清代玫瑰鲜花饼已经成为一道深受百姓喜爱的点心。

　　玫瑰花味甘微苦、性微温，归肝、脾、胃经；芳香行散；具有舒肝解郁，和血调经的功效。美丽彩云之南，山青水明，非常适宜玫瑰花的生长。

　　潘祥记经典玫瑰鲜花饼，精选玫瑰花瓣，经采花、洗花、蜜制、制作成鲜花馅料、选料、配料、搅拌、油皮（22℃）的搅拌、油酥的搅拌、油皮油酥混合人工叠压、上机再次叠压（36层）、自动包馅、压饼成型、涂抹黄油、进入烘烤、冷却预凉（中心温度28℃）、再次上机包装等十八道工序制成美味可口的玫瑰鲜花饼。

　　品一块经典玫瑰鲜花饼，感受云南的奇异之美。

云南潘祥记工贸有限公司

　　"潘祥记"由创始人潘光明于1941年在云南宣威创立，至今已有77年。主要从事传统滇式糕点的生产经营和云南特色食品的研发推广。2005年，潘洁希作为潘祥记第三代传人，成立昆明潘祥记食品有限公司，2010年更名为云南潘祥记工贸有限公司。

　　潘祥记以弘扬滇式糕饼文化为己任，在传承传统工艺的同时，不断创新符合当下消费者需求的糕饼产品，经典玫瑰鲜花饼、云腿月饼、鲜花茶点、鲜花蛋糕、鲜花牛轧糖等产品，深受广大消费者的喜爱。

云腿月饼

云腿月饼历史悠久。相传，明末清初，退据昆明的南明永历皇帝，终日忧愁，不思茶饭。一位御厨急中生智，别出心裁地选用云南的火腿精肉切成碎丁，混以蜂蜜、精糖包馅，蒸制点心奉上，称之为"云腿包子"。因其香浓味醇，甜咸适宜，皇上吃了龙颜大悦，连声赞美。从此，列为御膳厨中的应时点心。

后来，这种包子的做法传入民间，并逐渐由蒸制改为烘烤，由包子形状改为圆饼形状。光绪年间，昆明三转弯（地名）有个胡姓开办的"合香楼"点心铺，首创酥皮"四两坨"（即每个重4市两，4个重16两，恰合当时老秤1市斤，故名）。馅分火腿、白糖、洗沙、麻仁等四个品种。

从这以后，每逢中秋来到之时，昆明市民争相购买"四两坨"，云腿月饼也成为滇式糕饼的代表产品。

昆明冠生园食品有限公司

昆明冠生园食品有限公司是中国民族工业的老字号企业，冠生园品牌创建于 1915 年，至今已有逾 100 年的历史。

昆明冠生园食品有限公司现位于昆明市滇池路 47-49 号，占地面积 16 亩，生产车间 12000 平方米，现有 4 家连锁门店，拥有国内较为先进的现代化食品生产设备和高素质的研发队伍及员工团队。昆明冠生园是"云腿月饼"地方标准主要起草单位，是云南省第一家获得云南出入境检验检疫局核发的"云腿月饼"出口食品卫生注册证企业，也是云南省首批获得糕点"全国工业生产许可证"的企业。

公司主要生产各式"梅花"牌、"昆冠"牌、"云之冠"牌中西式糕点、中秋月饼、奶油（松露）曲奇饼干、粽子、广味叉烧包、糖果、各式面点等品种，产品销售到全国各地及港、澳等地区，深受广大新老顾客的欢迎。

金沙火腿月饼

金沙火腿月饼选用上等云南宣威火腿，精致海鸭蛋黄，野生蜂蜜、羊城秘制火炼猪油为主要原料，蛋黄通过大豆油24小时浸泡，烘烤研磨成粉，与宣威火腿丁共同包制而成，金黄酥皮酥而不碎，馅料饱满香而不腻。产品秉承传统制饼工艺，为纯手工制作而成。蛋黄的咸香与火腿的鲜香糅合，月饼一口咬开，金黄酥软，肉质滋嫩、香味浓郁、营养丰富，在传统云腿月饼的基础上赋予了食客全新的体验。

贵阳兆明羊城西饼食品有限公司

贵阳兆明羊城西饼食品有限公司成立于1993年，是以食品糕点加工、销售为主的企业。在20多年的发展过程中，逐步发展到现在具有较大规模、先进的自动化生产线的现代化食品加工企业。企业从简单的糕点制作到现在四个主打系列面包、蛋糕、中西式饼干、月饼、粽子等共有100多个产品，"羊城西饼"系列产品一直都在追求产品优质、健康、营养、新鲜、味美。

随着企业的不断发展，公司凭着以人为本的创业宗旨，先后聘请了国内外知名的食品加工及食品生产线技术专家来公司指导工作，分批选派企业优秀员工参加国内及国外的专业技术培训，并定期对车间员工进行质量、卫生、操作规程等培训，并在2015年通过了ISO9001质量管理体系认证以及ISO22000食品安全管理体系认证，在品质管控和制度建设上严格保证消费者的食品安全。

"羊城西饼"品牌在经历了26年的塑造与发展后，在贵州地区已经成为拥有100多家直营店的品牌资产，具有十足的品牌号召力并且在食品领域里具有很强的美誉度及较高的市场占有率。

罗汉酥

　　罗汉酥起源于四川省凉山地区。大凉山的人自古勤劳、善良，每逢佳节都会制作一种传统酥饼，酥饼炸熟后就像罗汉光光的头，再加上平时都作为贡品供奉，因此得名罗汉酥。罗汉酥具有绵软酥松，香甜可口，油而不腻的特点，是深受消费者喜爱的一款休闲食品。

　　罗汉酥的制作，采用糖浆皮工艺，经过两个小时的面团发酵，通过传统纯手工制作，包入细腻的红豆沙，再用清油炸熟，冷却后裹上一层糖浆，表面粘上蛋丝，做出来的成品咬一口有糖浆拉丝的感觉，香甜可口。正中食品公司经过多年实验，在保留传统风味的基础上加以改良，口味不再是单一的红豆沙罗汉酥，增加了绿豆沙罗汉酥和苦荞罗汉酥。苦荞罗汉酥是依托凉山地方优势，采用凉山优质苦荞作原料，让此款产品不仅好吃，并且更加健康。

西昌市正中食品有限公司

西昌市正中食品有限公司是国家级主食加工业示范企业，四川省、凉山州、西昌市三级农业产业化经营重点龙头企业，是凉山州苦荞产业重要支柱企业之一。公司由现任董事长邓正中先生于1985年创建成立，经过30多年的努力，现已建成占地面积46亩，拥有一个具有10万级空气净化装置的食品药品级专业生产车间的工厂。公司下设中点部、西点部、商贸部及州外营销部四大部门，员工近1000人。

公司以"挖掘本土资源，发展民族产业，打造本土品牌"为经营宗旨，以"汇聚天下健康美食，弘扬凉山食品文化"为企业的奋斗使命。经过30多年的艰苦努力和不断探索，公司已发展成为管理科学化、生产现代化、销售一体化的规范化名优企业。

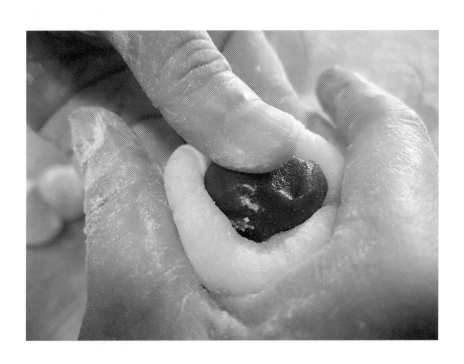

涪州巴粑

　　涪陵区位居重庆中部、三峡库区腹地，地处长江、乌江交汇处，自古就有渝东门户之称。古代涪陵水路便利，但是陆路交通却十分艰难。巫山、武陵山山脉形成天然屏障，通往湖南、贵州并最终南下广东的茶马古道，只有依靠马帮驮运。在漫长的徒步运输过程中，涪州马帮们的干粮，为了携带的方便性以及保证长期食用的安全性，各自制作了多种粑粑，其中有一款以小麦粉、红糖、各种坚果为主要原料的粑粑，制作讲究、形状随意、色泽较暗但又非常香酥可口，还便于储藏和携带，所以深得涪州马帮的钟爱，这就是"涪州粑粑"。

　　2012年起，大师傅食品公司将开发"涪州粑粑"纳入研发计划。经过无数次采访、挖掘，从人们口口相传的回忆中寻找最原始的秘诀配方和制作工艺，通过无数次调整、试验，将地方传统糕点文化与现代工艺制作有机结合，终于研发出极具特色的涪州粑粑，并将其产品命名为"涪州巴粑"，意为古涪州巴人的粑粑，更加凸显出地域及巴蜀文化特色，以还原那渐近渐远的传统美味。

　　涪州巴粑，采用传统手工工艺和焙烤方式，努力追求尽善尽美，重塑并还原传统味道。制作工艺考究，饼皮采用全麦面粉、鸡蛋、红糖为主要原料，用手工制作方式，在案板上反复轻揉叠压，使皮料形成松、散、软、酥的特质，最终形成理想的饼皮。饼馅按照传统配方，手工精选核桃、松仁、花生、芝麻等坚果仁，在特定的高温烘烤下，使果仁油脂溢出、香气袭人，经过冷却处理后，精心调配出香软的饼馅。制作按照传统生产工艺，在配料、包馅、成型等多道工序上，完全采用手工制作，不用模具，烘烤成熟后，其产品外形自然，制作出外酥内软的"涪州巴粑"产品。

麻饼

　　麻饼是原川东地区历史最悠久的中式糕饼之一，深受广大顾客的喜爱。自1991年起，重庆大师傅公司组织专业研发团队，深入挖掘川东麻饼的传统配方和制作工艺，采用纯手工制作和炭火烤制工艺，20多年来开发出"涪陵麻饼、贵妃麻饼、榨菜麻饼"等上百个品种，经久不衰，深受广大消费者的喜爱。

　　麻饼制作，选料严苛，工艺精湛。一是芝麻的选择。自古就有"取油以白芝麻为胜，服食以黑芝麻为佳"的说法。重庆大师傅公司采用黑芝麻制作麻饼，主要基于黑芝麻的香味胜过白芝麻；通过成熟的脱皮技术，黑芝麻的光洁度优于白芝麻；脱皮后的黑芝麻通过烤制工艺，更能有效地将油脂浸入饼中，使饼更加醇香。

　　二是麻饼馅料的选择。馅料分干馅、湿馅、水馅、硬馅、软馅、单味馅、混合馅料等不同类型。重庆大师傅公司制作的麻饼采用的是混合型软馅。饼馅的油、水、糖及其他馅料的比例，不仅会直接影响饼的味道，而且还会影响饼的质量。

　　三是麻饼的前期制作。主要包括揉面、包馅、成型、筛麻等几道工序。这几道工序涉及麻饼面团的湿度、饼的大小与厚薄、饼面芝麻的处理等几个方面，为麻饼烘烤留下了伏笔。

　　四是麻饼的烘烤。全部采用400°～500°炭烤工艺，分两步进行：第一，烤饼。将粘有芝麻的饼面朝下，放到托盘送入烤炉，通过对烘烤温度的控制，饼已基本烤熟，饼面呈淡黄色。第二，烤芝麻。将第一次烤制后的饼稍许冷却，将粘有芝麻的饼面朝上，送入烤炉，通过对烘烤温度的控制，此时的饼已经完全烤熟，饼面上的芝麻经高温瞬间炸裂，溢油流香，此为重庆大师傅公司最为坚守的传统烘烤工艺。

重庆大师傅食品有限公司

重庆大师傅食品有限公司 1991 年始建于涪陵。公司拥有建筑面积8000 余平方米的现代化生产中心，日本进口生产设备，多条专用生产线。目前公司拥有近 70 家直营门面，80 多个外卖销售点，遍及重庆各区县。公司秉承"快乐烘焙，创高品质生活"核心价值观，匠心制作蛋糕、面包、饼干、月饼、麻饼、粽子等中西糕点及个性化烘焙产品。

"天行健，君子以自强不息。"公司将始终坚持"诚信经营，质量为本，稳步发展"的经营理念，按照"打造烘焙行业领先者"的企业目标，努力实现"构建和谐团队，争做百年老店"的企业愿景。

第五章　华中地区

牡丹饼
帝王酥
炎帝饼
湘式五仁月饼
紫米糕
野山枣糕
蜂蜜老婆饼
五仁月饼
玫瑰豆沙月饼
流心奶黄月饼
桃酥
冰皮月饼
脐橙月饼
酥薄月
绿豆糕
老月饼

「粗粆蜜饵，有餦餭
些。瑶浆蜜勺，实羽
觞些。」

两千多年前，屈原在
《招魂》中为我们
描述了楚人饮食的丰
盈。作为稻作文化的
发祥地，华中地区，
自古便是精致糕饼的
荟萃之地。

老月饼

　　老月饼采用的是水油皮的技术工艺，最初的技术源于苏式月饼的制作。苏式月饼的工艺随着人们的交往，传到湘潭地区并落地生根，产品的制作细节也入乡随俗。加之使用当地的糕饼原材料，尤其是馅心材料组合与调味，按照水油皮的基本工艺要求制成糕饼。这种依当地人口感而变化，产品风味经过几代人改良的月饼，逐步演化成工艺和原料具有当地特色，深受湘潭老百姓喜爱的老月饼。

　　老月饼的口感酥、松、脆且油而不腻。成熟后的老月饼表面金黄，需开龟纹的细裂口，腰边是淡金黄的颜色，底部是金黄的颜色，不裂口露馅方为完美之作。

湖南万利隆食品有限公司

湖南万利隆食品有限公司于 1988 年元月在湖南湘潭立市，经历 30 年的风雨磨砺，完成了从传统的手工制作到现代企业制度化、数字化生产经营的蝶变之旅。今天的万利隆公司已经在湖南七个市州、27 个城市拥有 140 余家连锁饼店以及 1 家精品商务酒店，拥有员工 2200 余名，主要产品有面包、蛋糕、生日蛋糕、中西式点心、元宵、汤圆、端午粽子、中秋月饼、年礼、饮品、糖果等。

绿豆糕

在中国南方很多地区，老百姓在端午节，除了吃粽子外，还要吃绿豆糕和咸鸭蛋，据说可以驱疫避害。绿豆性味甘寒，无毒，有清热解毒、祛暑止渴、利水消肿、明目退翳、美肤养颜的功效，是很好的消暑小食。绿豆糕是中国传统糕点，外形规整，色泽浅黄，组织细润紧密，口味清香绵软。绿豆具有清热解暑的功效，因此采用绿豆粉为原料的绿豆糕，历来就是中国传统的初夏食品。

禾季海藻糖绿豆糕精选脱皮绿豆，研磨成粉，加入拥有"生命之糖"美誉的海藻糖，摆脱传统绿豆糕的甜腻高糖，轻咬一口，豆香满溢，绵润微凉。

武汉禾季食品有限公司

禾季是一家生产销售面包、蛋糕、饼干、伴手礼等以烘焙食品为主要经营项目的公司，前期以自主研发、自产自销、连锁直营的商业模式经营，2013年6月禾季品牌成功转型，成为以产品研发、工厂生产、物流配送、渠道通路销售为一体的烘焙品牌。

禾季产品由全自动化烘焙中央工厂生产，由专业冷链物流配送。中央工厂坐落于武汉市黄陂区台湾农民投资创业园，工厂占地面积110亩，工厂生产全部引进来自日本、欧美及我国台湾等国家和地区的先进设备，各类烘焙类、冷冻西点类、特色节令食品的年产量可达50000吨，是华中地区最大的烘焙食品生产基地。

禾季秉承"新鲜、美味、健康"的人性化价值观念，将顾客的感受融入生产、销售、售后的每一个环节，引领新的生活方式，在时代变迁的烘焙舞台上，必将演绎一段平凡而又传奇的亚洲新兴美食文化。

酥薄月

酥薄月，又称酥薄月饼，是湖南省衡阳市的传统名点。

汉代，丝绸之路开通，芝麻和胡饼的制作技艺传入我国，带芝麻的胡饼即是酥薄月的前身。清代初年，芝麻酥饼深受百姓喜爱，为中秋必备的佳点，到清咸丰年间，酥薄月的称谓正式确定，并在衡阳地域广泛流传，成为衡阳的传统名点，历经150余年经久不衰。

石鼓牌酥薄月采用传统工艺与现代技术相结合的生产方式，选料严密，配方讲究。经过制皮、小包酥、包馅上麻、成型、远红外线烘烤等14道工序精制而成。产品圆形，大小均匀，断面酥皮层次清晰分明，皮酥馅香、酥松可口。具有浓厚的麻仁、玫瑰、桂花清香，食而不觉甚甜，香酥而不油腻，四季畅销。

衡阳市南北特食品有限公司

衡阳市南北特食品有限公司是湖南著名老字号企业，至今已有80多年的历史。公司主要生产石鼓牌系列产品：酥薄月、生油月、圆黄蛋糕、鱼皮花生、桃酥、交切糖、花生糕、麻枣、麻元、雪片糕、灯芯糕、八宝饭、老婆饼等130多个品种。其中有20多款产品获得省、市优质产品称号。2013年石鼓牌酥薄月制作技艺入选衡阳市非物质文化遗产名录。

衡阳南北特食品有限公司坚定奉行"产品质量一流，诚信服务一流"的宗旨，秉承"发扬中华糕饼文化、传承百年酥饼技艺"的精神，努力为广大消费者奉献出更多、更新、更好的绿色安全放心食品。

脐橙酥

　　赣南脐橙是江西省赣州市特产，中国国家地理标志产品。赣南脐橙年产量达百万吨，原产地江西省赣州市已经成为脐橙种植面积世界第一、年产量世界第三、全国最大的脐橙主产区。赣南脐橙果大形正，橙红鲜艳，光洁美观，可食率达85%；肉质脆嫩、化渣，风味浓甜芳香，含果汁55%以上。赣南脐橙营养丰富，富含人体所必需的各类营养成分。

　　菲尔雪脐橙酥，精心挑选80毫米的信丰安西无籽脐橙，一颗80毫米脐橙只提炼10克果馅经过消毒蒸煮真空灌装等18道工序，使用意大利真空蒸煮机粉碎煮馅，在保证脐橙酥的色泽之外还原了赣南脐橙本身的味道。优质新鲜原料打造上等美味，脐橙酥外皮可口酥松，奶香浓郁，内馅绵密酸甜，果肉含量45%以上，皮馅比例严格控制为2：3，每一口都能品尝到赣南人的心意。

冰皮月饼

冰皮月饼，饼皮采用来自日本深海红藻中提取的冰皮粉，解冻后是梦幻缤纷的水晶色。选用的馅料是新鲜水果和动物奶冰慕斯，更加天然健康。由于不经过炉火烘烤，绝不油腻，蒸出来的更健康；如玉冰肌遇上鲜美多汁的大颗粒果肉，鲜嫩滑爽，入口即化。全程冷链制作，-18℃恒温冷库急速冷冻，十万级的无菌生产车间为冰皮月饼的生产安全保驾护航！梦幻缤纷的水晶色，无烘烤的制作工艺，纯天然的饼皮满足了众多消费者口味变化及追求新意的要求，沿袭中国传统佳节的优良习俗，传承中秋文化！

赣州惊华菲尔雪食品有限公司

赣州惊华菲尔雪食品有限公司以"诚信是金、质量为本、用心服务"的经营理念，打造出江西省烘焙行业的标杆企业，目前在赣南及吉安地区拥有 80 多家连锁门店，员工 700 多人。从 1995 年创业至今 24 年，部分产品已销往多个省区市。菲尔雪立志"打造中国一流烘焙连锁企业"，企业总部及现代化中央工厂位于赣州市经济开发区，建筑面积 60000 平方米。企业生产车间配备了全程视频监控，为食品卫生安全提供坚实保障。

桃酥

桃酥是一款南北咸宜、深受消费者喜爱的传统糕点，江西桃酥以用料讲究、制作精良、酥松可口、营养丰富闻名全国。

在传统江西桃酥工艺基础上，"龙虎山"桃酥产品在生产用料和工艺上进行了众多创新，深受消费者喜爱。龙虎山桃酥，用糖分较低的甜菜糖取代白糖以降低糖度，添加葛根粉以起到降火气的功效，在面团中加入土红糖以起到补血、美颜的效果。此外，外观形象也得到不断提升，从产品设计到产品包装外观设计，都既体现中华传统风格又兼具现代新颖别致感。目前公司正根据市场各种需求将产品细分，开发出适合各个不同场景食用的桃酥产品。

江西龙虎三泰食品有限公司

江西龙虎三泰食品有限公司 2017 年 9 月在鹰潭信江新区电商众创园注册成立，主营销售中点预包装食品及散装食品，注册资金 1000 万元。公司主打产品以"龙虎山"为品牌的各种桃酥、小罐酥、绿豆糕、麻花等鹰潭当地特色糕饼产品，并销往全国各地。

公司成立至今，已经先后在鹰潭开设三家"龙虎山"品牌门店。在产品工艺上，公司组织团队研发改进传统鹰潭"果子"做法，从产品口感到外观、包装都有了进一步的提升，更适合现代人的生活节奏和口味需求。

流心奶黄月饼

国饼恒久远

　　乔小姐流心奶黄月饼为匠心孕育的杰作，跨越多国甄选极品食材，经上百次对比、试做、试尝与调整，最终萃取高品质大黄油和天然色膏、全脂无污染牛奶、顶级稀奶油、上品纯椰浆、特制高油咸蛋黄、当地新鲜土鸡蛋等极品原材料，历经300余天反复研制，运用和融合传统与现代的蒸、煮、焗、烤等多重工艺，十几道工序，以三重立体皮包馅、馅中流心的多层级，全程纯手工匠心巧制而成。

　　乔小姐流心奶黄月饼，因珍品食材而血统高贵，口味体验极致，色香味俱佳，口感不油不腻，浑然天成，营养丰富，品质奢华而被誉为月饼中的贵族，贵族中的一项皇冠。

　　轻轻咬上一口，浓浓醇厚的极品奶黄，伴随丝滑醇香的流心，满满

渗入唇齿之间，慢慢流入喉咙，甘沙醇香，妙不可言，是真正不一样的中秋味道。

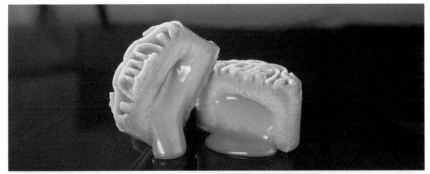

玫瑰豆沙月饼

豆沙馅是糕饼产品中常用到的馅料，红豆含有丰富的维生素、蛋白质、铁等微量元素。具有美容、清热、降血压、健脾益胃、利尿等功效。玫瑰豆沙月饼，以传统秘方科学配比，严格精选圆润赤红、均匀饱满的上等东北红小豆，经去皮研磨，配以纯正花生油和优质白砂糖，经匠心慢火烹调，再加入云南重瓣红玫瑰中和渗透融合，配以独具匠心的饼皮，口感细腻嫩滑香糯，豆香甘醇厚重弥漫，花香芬芳缥缈，香甜不腻，咬一口，都是满满的团圆的幸福味道。

南昌乔府食品有限公司

乔家栅，始创于清宣统元年。早期在上海老城厢乔家路开店，因采用木质栅栏装饰店面而得名。1937年从老城厢搬迁到陕西南路、淮海中路口，1940年迁址到襄阳南路336号，定名"乔家栅食府"。2001年7月，上海乔家栅食府、乔家栅食品厂改制成立上海乔家栅饮食食品发展有限公司。2006年12月"乔家栅"被商务部首批评定为"中华老字号"。

老字号品牌永续经营必须坚持传承和发展的战略，上海乔家栅饮食食品发展有限公司投资设立南昌乔府食品有限公司，使之成为乔家栅月饼、粽子及烘焙类产品的研发中心和创新经营的示范企业。公司拥有26000平方米的现代化模式的中央工厂和国内外处于领先水平的产品自动化生产线，是江西烘焙业首家通过食品安全管理体系和质量管理体系双认证的企业，充分显示了乔家栅食品制造商的雄厚实力和良好信誉。

百年乔家栅焕发青春。乔家栅凭借其先进的工艺，严格的选料，独特的风味及有口皆碑的质量，成为传承传统美食文化的典范。传承和创新是中华老字号永葆青春的秘诀，乔家栅扎根于江西红土地，不断推出赣式特色糕饼产品的新品种、新口味。

五仁月饼

　　五仁月饼是月饼中最经典的传统口味之一。五仁是指月饼里有五种带仁字的馅料：核桃仁、杏仁、橄榄仁、瓜子仁、芝麻仁。传说五仁月饼寓意的是"忠孝信廉勇"五种仁德，也代表了中国人对家人团聚的美好愿望，也是对亲朋好友深深的思念。

　　宏明五仁月饼配料考究，精选核桃仁、杏仁、橄榄仁、瓜子仁、芝麻仁五种优质原料炒熟后去皮压成碎丁，最后加入冰糖调制而成，需静置15天入味后方可使用。其外形呈鼓形，边稍鼓出，花纹和字迹清晰，形状端正，不破皮，不露馅，边角分明；边缘呈象牙色，底面棕红色；口味香甜，绵软带酥，有多种果仁香味。宏明五仁月饼选用顶级原料，28年来不断改良创新，经过18道秘制工序制作而成，受到广大消费者的喜爱。

蜂蜜老婆饼

老婆饼起源于广东地区，传说以前有一对恩爱但非常贫穷的夫妇，由于家翁病重，家中无钱医治，妻子甘愿到远方做工赚钱为家翁治病。妻子离开后，丈夫勤奋努力，研制出一道味道奇佳的饼，最终以卖饼赚钱接回了妻子，重新过上了幸福生活。这种饼流传开来后，便被人们称作老婆饼。

蜂蜜老婆饼，甄选优质小麦粉、糕粉、蜂蜜、酥油、芝麻、椰蓉、鸡蛋等主要原料，结合手工及秘制工艺烘烤而成；口感皮酥馅软，不甜不油不腻，口齿留香，老少皆宜。

野山枣糕

宋庆历年间，方会禅师（992～1046）在今江西萍乡上栗县杨岐山创立杨岐宗，门庭繁盛，蔚成一派，信徒遍布天下，成为中国佛教禅宗五家七宗之一。

方会禅师德风远播，每年来访信徒不计其数，禅师体恤众徒行役之苦，当有信徒来访时，方会禅师都会用一种晶莹圆润、芳香四溢的果品款待来客，此果食后百味顿生，胃口大开，犹如醍醐灌顶，觅见菩提。因其为方会禅师亲自秘制，形似佛珠，信徒们尊称其为"禅果"。后来秘制禅果之法流入民间，百姓食之健胃生津、延年益寿，男女老少赞不绝口，一日不食，便觉口中索然无味，所以坊间又称其为"馋果"。

禅果·馋果野山枣糕内含丰富的维生素、氨基酸、硒等多种人体必需的微量元素。其中维生素C的含量比大多数水果都要丰富，是柑橘的20～30倍，红枣的7～8倍。禅果·馋果野山枣糕精选杨岐山脉纯净空气与丰沛阳光下的"山中果王"优质野生山枣为原料，此枣平均经过1600小时日光浴后成熟，秋分后8天采摘，颗颗饱满，酸甜可口。

江西宏明食品有限公司

江西宏明食品有限公司主要从事野山枣糕、老婆饼、桃酥饼、松花片、蛋糕、面包、婚嫁喜饼、月饼、粽子及农副产品生产加工，集产品研发、生产、销售为一体，并致力于发展绿色休闲食品。

公司以艰苦创业、报效社会为企业使命，以良心、孝道、感恩、超越为企业精神，以"宏明"只生产高品质食品为核心价值观作为渠道品牌，以"HOME & ME"用心构造家的品质生活作为宏明西饼烘焙连锁品牌，同时成立江西宏明网络科技有限公司，实现线上线下全渠道销售，稳健宏明发展。

公司拥有14000平方米的现代化工厂和先进的生产设备，公寓式的住宿环境，标准化洁净的生产车间，先进的生产设备，生产车间的净化标准达到十万级，已通过SC认证、ISO22000-2005国际食品安全管理体系认证，多年来荣获江西省著名商标、绿色食品认证生产厂家和农业产业化省级龙头企业。

紫米糕

湖南是世界上最早种植水稻的地方，考古发现，湖南澧县出土的水稻标本，距今约18000年。勤劳、智慧的中华祖先，不仅把米做成粥、饭等食物，还奇思妙想地把米加工成各式各样的米糕，令中华饮食文化丰富多彩。南北朝古籍《食次》中，记载了年糕的制作方法。北魏《齐民要术》中，记载了用米磨粉制糕的方法。湖南糕点融汇外地糕点所长，技艺日臻成熟，形成了丰富多彩的湖南米糕系列产品。

糕员外紫米糕制作包括配料、混合、成型、加热、冷却、包装等工序，所用原料为糯米粉、紫米粉、淀粉、麦芽糖浆及水，其中紫米粉用量是糯米粉重量的20%~30%，将它们混合、成型、加热、冷却、包装后即可。紫米糕无须高温油炸，能完整地保留糯米、紫米、麦芽糖的营养，具有一定的保健作用，且色质美观，口感好，还可包以各种口味馅料，调制多种风味，做成各种形状，是一款新型、时尚、健康和休闲的糕点类休闲食品。

湖南糕员外食品科技有限公司

湖南糕员外食品科技有限公司，产品注册商标"糕员外"，专业从事以稻米为原材料的糕饼产品的研发、加工、销售。为弘扬传统糕饼文化，2014年公司投资兴建糕员外——湖南糕文化馆，以湖湘稻作文化为支撑，集湖南糕文化展示和DIY体验为一体，成为市民假期休闲，中小学生研学校外实践的首选之地。

湘式五仁月饼

湘式五仁月饼遵循古法技艺、取材自然的原则，还原食材最纯粹的味道。赛香的湘式五仁月饼中"五仁"为葵花子仁、花生仁、芝麻仁、核桃仁、西瓜仁。原料选择严苛，核桃仁桃皮薄，色泽白，口感佳，无苦涩味，营养丰富；芝麻仁粒小饱满；花生仁、西瓜仁、葵花子仁均采用绿色产品。原料好，饼才好，才有了经典不衰的好味道。赛香的湘式五仁月饼用料"狠"。随意掰开一块湘式五仁月饼，从横断面就清晰可见各种果仁粒粒在目。既保证了产品整体实实在在，但吃起来又有一种搭配自然之感，一股香而不腻之味。

赛香湘式五仁月饼，始终坚持手工制作，不仅包制靠人工，就连馅料都是人工拌制的。湘式五仁月饼将传统工艺标准化、流程化，美味代代相传。

湖南赛香食品有限公司

湖南赛香食品有限公司位于长沙市芙蓉区文艺路口，成立于1997年，是一家生产兼销售生日蛋糕、面包、西点、端午粽子、中秋月饼、伴手礼、传统糕点等为主的食品连锁企业，公司以长沙大河西为基地，现已先后开设了近20家门店。

一直以来，赛香食品公司以传承中华传统食品、展示湖湘食品独特的工艺和文化底蕴为经营理念，始终坚持传统工艺与现代工艺相结合，采用上乘选料，保证食材新鲜，原味原香，自然美味。赛香认为饮食不仅是一种饱腹需求，更应该是一种生活态度。精益求精的态度才能满足大众挑剔的口味。

炎帝饼

炎帝，是中国上古时期姜姓部落的首领尊称，号神农氏，由于懂得用火而得到王位，所以称为炎帝。相传炎帝牛首人身，他亲尝百草，发展用草药治病；他发明刀耕火种，创造了两种翻土农具，教民垦荒种植粮食作物；他还领导部落人民制造出了饮食用的陶器和炊具。宋代罗泌所著的《路史》记载：炎帝神农氏"崩葬长沙茶乡之尾"即今湖南省株洲市炎陵县的炎帝陵。

为纪念炎帝，株洲及周边地区有一款流传甚广的糕点——炎帝饼。炎帝饼的制作工艺源于苏式月饼，制作工艺包括选料、初加工、擦馅、制皮、制酥、包酥、包馅、成型、盖章、烘烤、包装等过程。制作过程中没有任何模具，使用器具也比较简单，有刮刀、油光纸、烤盘、木炭基杉木盒等。

炎帝饼选料精细，以小麦粉、糖粉、酥油、水等制皮，小麦粉、酥油制酥，经制酥皮、包馅、成型、烘烤工艺加工而成。炎帝饼皮层酥松、色泽美观、馅料肥而不腻，口感酥松，深受广大消费者的喜爱。

湖南锦波食品有限责任公司

湖南锦波食品有限责任公司创建于 1996 年，是株洲市高新区一家集研发、生产、营销于一体的食品企业。主要从事面包、西点、生日蛋糕、粽子、月饼的生产和销售，共有六大种类八大系列的上千种产品。

目前拥有长沙、攸县、醴陵、茶陵四家子公司及 120 多家直营门店；世界 500 强企业麦德龙、华润万家、株洲百货股份有限公司等大型连锁超市及 40 多家联营店，销售网点遍布湖南各市、县。产品供不应求，深受三湘四水人民喜爱。现有 500 多名员工。

公司现在拥有近 5000 平方米的现代化食品中央工厂，并严格按照国家食品 QS 标准建造，已成为株洲地区乃至湖南省烘焙行业的龙头企业。公司一直以来秉承"精益求精，诚信服务"的经营理念，以优质的原料和精湛的工艺为原则，追求天然、美味、营养、独特、健康的产品定位。锦波在引进国外先进设备和生产线的同时，不断对产品进行研发、完善，力求推出符合健康要求及国人口味的烘焙食品，从 2012 年成立研发中心以来，先后斥资投入 1000 多万元设立单独的研发室，购置了世界先进的生产线设备等，现已开发上百种产品，深受广大消费者青睐。

帝王酥

　　帝王酥月饼象征着团圆，是中秋佳节必备的糕饼美食。相传，唐高祖武德年间，边寇犯境，李靖率师出征，大获全胜。班师回朝时正值中秋节，长安内外通宵欢庆，时有吐蕃人献饼祝捷，高祖取出圆饼手指明月笑曰："应将胡饼邀蟾蜍"，并将饼取名为帝王饼，也便有了月饼的雏形。唐宋以后，月饼的制作技艺越来越考究，苏东坡有诗云："小饼如嚼月，中有酥和饴。"月饼发展到今日，更是种类繁多，京式、苏式、广式、潮式品种异彩纷呈，风味各有特点，普遍受当地广大消费者的青睐。

　　帝王酥月饼在结合传统工艺的基础上，采用油皮、油酥黄金比例混合，内馅选用高品质的红豆馅、鸭蛋黄、肉松等上等食材。在产品的烘烤阶段，为保证产品的酥性稳定，经多次反复试验，最终确定了产品的特定烘烤工艺。精选的食材、考究的工艺让产品达到了外表形态饱满、色泽均匀，口感外酥里润的最佳效果。原料中豆馅的醇厚，蛋黄的幽香，肉松的质感也得到充分的呈现。帝王酥已成为无论老幼均交口称赞的特色糕饼。

牡丹饼

唐代时农历二月十五为花朝节。女皇武则天嗜花成癖，每到花朝节这天，她总要令宫女采集百花，和米一起捣碎，蒸制成糕，用花糕来赏赐群臣。上行下效，从官府到民间就流行花朝节活动。一次偶然的机会，宫女们将牡丹花瓣入馅做饼，武则天品尝后，感觉味道非常鲜美，赐名牡丹饼。牡丹饼也就由此而来，后经不断流传，成为人们喜爱的一款特色糕饼。

洛阳牡丹闻名天下，牡丹饼是洛阳市最具地方特色的糕饼，馅料采用符合国家食用要求的高品质牡丹花瓣、蜂蜜、白糖等原料腌渍而成，外皮为油皮、油酥黄金比例结合，开酥而成，经特定烘烤工艺焙烤而成，是一款外酥，内馅甜而不腻，富有牡丹花香的洛阳特色美味糕饼，具有酥、松、绵、软的品质特征。

洛阳市安德莉亚食品有限公司

安德莉亚食品有限公司于 2006 年进驻洛阳，是以专业生产中高档蛋糕、面包、月饼、香粽为主的产、供、销一体化的烘焙连锁经营机构，拥有独立的现代化中央工厂及完善的配送中心。市内 60 余家直营连锁店遍布各知名商圈和时尚消费地段，48 位国家级高级烘焙技师常年进行专业研发，不断推陈出新，精心为您打造营养均衡、时尚美味的烘焙食品。

公司融会贯通各式经典流行的中、西点生产技术，创制了别具一格的"东情西韵"烘焙食品，引导消费者在陶醉于华夏饮食文化的同时，享受时尚、新鲜、自然、美味、精致的西式糕点。

第六章　华东地区

葡萄软月
泉城酥饼
蜜三刀
葡萄蛋糕
周村烧饼
桃酥
蛋黄莲蓉月饼
桃酥平安饼
泰安平安饼
上等五仁月饼
核桃枣泥月饼
御品酥
绿豆糕
麻油椒盐酥饼
宫廷玫瑰桃酥
香菇鲜肉月饼
好一朵茉莉花饼
苏式月饼
鲜肉月饼
梅花烙

嵌桃麻糕
月宫饼
金桂酥
香梅茶酥饼
广式火腿五仁月饼
净素月饼
天赐熙蛋
御赐玺蛋
老五仁月饼
涂恒茂鏊月
黄山烧饼
青团
苏式椒盐月饼
麻饼
肉饼
闽香馅饼
黑豆馅饼
茶月饼

消闲雅致，精细融合。

梅花烙、绿豆糙、金桂酥、月宫饼……

华东地区的糕饼产品散发着浓郁的文人气息。以精食、美名、美器投射出『食不厌精，脍不厌细』的饮食追求。

葡萄软月

清朝同治年间，泉城济南一家秦姓的糕饼铺子现做现卖的葡萄饼，深受老百姓的喜爱。1979年，秦家糕点的第四代传人秦咸成被济南益康食品厂聘为技术顾问，秦咸成带领技术团队，在自家秘制葡萄饼的基础上，进行技术创新、改良，研制出颇具老济南特色的"葡萄软月"。

葡萄软月精选新疆红提葡萄入料，底料选用内蒙古产夏波蒂马铃薯，健康营养，健脾和胃，益气调中。葡萄软月传承传统手工艺，制作过程全部采用特定模具，从制作成型到整个焙烤过程，模具始终伴随着月饼，与其他月饼的成型、磕模、再烤制的工艺不同。制作一个葡萄软月，需要经过8个工人的手。手工制作比不上机器快，却保持了葡萄软月"外皮松软，内馅爽滑"的独特风味。2016年，葡萄软月入选山东省非物质文化遗产名录。

 泉城素饼

　　"泉城济南，泉甲天下"——被泉水浸润了几千年的文化古城济南，家家泉水、户户垂柳、泉水映阶、玉带环城。"淳朴"在老济南城与老济南人身上都得到很好的诠释，正如代表这种气质的糕饼之作"泉城素饼"——泉水煮豆，素味天成。外观简单质朴，没有炫耀夸张。温润清澈的泉水浸泡出幽幽豆香，内在味道自然而简单，让人流连忘返。

　　益利思泉城素饼不同于"绿豆饼"，素饼采用纯天然的绿豆经特殊工艺去皮后利用独家配方制成馅心，经传统手工艺包制而成，口感更加细腻，味道香浓酥软，入口即溶，冰甜爽口，老少皆宜。素饼相比绿豆饼而言，用料考究，工艺复杂，口感更加细腻、香浓酥软、色泽金黄、外酥里嫩、兼具松、香、酥、软等特点，具有清热解毒、止渴消暑之功效。

相传北宋年间，苏东坡在徐州任知州时，与云龙山上的隐士张山人过从甚密，常常诗酒相会。一天苏东坡与张山人在放鹤亭上饮酒赋诗，苏东坡抽出一把新得的宝刀，在饮鹤泉井栏旁的青石上试刀，连砍三刀，在大青石上留下了三道深深的刀痕，苏东坡十分高兴。正在这时，侍从送来茶食糕点，有一种新做的蜜制糕点十分可口，只是尚无名称，众友人请苏东坡为点心起名，他见糕点表面亦有三道浮切的刀痕，随口答："蜜三刀是也。"

益利思蜜三刀，精选优质面粉、食用油、白糖等原料，以传统工艺，手工制作，运用压面技巧使之口感上佳，松、酥、香、甜、入口即化、外酥里嫩、浆亮不黏、食而不腻、芝麻香味浓厚。

益利思葡萄蛋糕，传承经典历史糕点精华，精选优质新疆天山红提葡萄干、天然蜂蜜、优质小麦粉、鸡蛋、绵白糖等入料，经七道工序：上盘、注糊、撒葡萄干、上炉、烘烤、出炉、脱模方可成品。葡萄蛋糕无论是配料选材，还是工艺流程及制作模具都与其他蛋糕产品不同，具有"色泽红润、口感劲道"的产品特点。

济南市益康食品厂有限公司

济南市益康食品厂有限公司于 1977 年建厂，是以中式糕点系列、月饼产品系列、速冻产品系列和休闲产品系列为主的大型食品加工企业。

公司有占地面积 7000 余平方米、建筑面积 8000 平方米的先进标准化生产基地，可生产各类食品 200 余种，年生产能力达 3000 吨，产值 5000 多万元。经过几次改造，现建有糕点、汤圆、面包、饼干、裱花蛋糕等车间；日本造 1 吨全自动燃气锅炉、2000 立方米冷库、先进的理化及微生物检测室等。为满足日益扩大的生产需求，引进大型隧道烤炉 2 座，15 米平网速冻机 1 台，月饼、饼干、汤圆自动成型机、枕式自动包装机等多台、多套先进设备。车间布局按食品安全 ISO22000 的标准，建立了高标准的更衣室，人、货分流通道，紫外线、臭氧杀菌、风淋室等净化杀菌设备。

济南市益康食品厂有限公司本着消费者利益高于一切，坚持以"真材实料，精工细作"的安全食品质量方针，实行"以厂促店，以店带厂，互为促进，共同发展"的企业发展战略，严格食品标准，细化各工艺流程，不断开创益康经济工作新局面。

周村烧饼

　　山东周村，古称於陵，自春秋战国以来，即是中国重要的丝绸生产基地和商贸中心，为丝绸之路的源头之一。东汉时期，"芝麻胡饼"随胡人的来往经商自西域传入中原大地，并沿丝绸之路到达周村地区，与本地北域风格民间饮食文化相结合，形成了品种繁多的传统"烧饼"食品。

　　到明朝中叶，作为商埠重镇的周村，已是商贾云集。为使食品便于保存和携带，周村的饮食师傅将传统的"焦饼"进一步加工成酥烧饼，这是现在"周村烧饼"的雏形。

　　清朝光绪六年（1880），山东桓台县人郭云龙来到周村创办"聚合斋"。其间，郭云龙受当地香脆"焦饼"的启发，经工艺改造后烤制出香、脆、酥、爽的新型酥烧饼。后来其长子郭海亭再次改进配方和技术，最终成功创造出具有浓郁特色的薄、脆、香、酥周村大酥烧饼，这些烧饼如纸片般薄，叠在一起，用手摇晃，唰唰之声有如风中白杨，入口一嚼即化、唇齿留香，被称之为"呱啦叶子"烧饼而闻名全国，也进入清宫廷成为贡品。

周村烧饼为传统的纯手工技艺制作，2008 年被列入国家级非物质文化遗产名录。其从配料到揉坯，从定型到着麻，又从烘烤到出炉，环环相扣的道道工序，每一道都揉入了面点师的匠心情意，每一道都渗透着真善美的品性。

山东周村烧饼有限公司

20 世纪三四十年代，"聚合斋"的周村大酥烧饼已经远销全国各地。1958 年，郭氏后人郭芳林携"聚合斋"铺面、烧饼家传配方和工艺，通过公私合营与其他十多家烧饼铺一起并入了国营周村食品厂。1961 年，"周村"牌烧饼商标正式注册为国家商标。

2005 年国营周村食品厂正式改名为"山东周村烧饼有限公司"。2010 年，"周村烧饼"也同"周村"牌商标一样，正式成为国家注册商标。

桃酥

　　蓝白公司生产的桃酥，主要食材采用胶东优质上等麦心粉作为主料面粉，油脂选用本地特产物理压榨的醇香花生油。筋力适中并充满麦香的面粉结合香味十足的花生油，再加上核桃仁、黑芝麻、鸡蛋、白砂糖等精致辅料配伍，为高品质桃酥奠定了坚实的基础。

　　在工艺操作上，坚持采用传统的复叠法和面，尽管牺牲的是生产效率，但是很好地保证了产品的酥松效果。手工叠面、分团、成型、烘烤等每一道工序做到一丝不苟，让产品完美保持着传统桃酥的风味和形态。技术创新上，更是率先摒弃了老配方中含铝泡打粉的方法，采用新型天然原料，以保证产品更健康、更安全。

　　经过近 40 年的工艺传承与产品创新，蓝白桃酥已经成为当地消费者购买主食、休闲消费和节日馈赠糕饼的首选。

国饼恒久远

烟台蓝白餐饮有限公司

烟台蓝白餐饮有限公司成立于 1998 年，从一个当初只有 280 平方米的馒头车间，发展到了今天以食品加工和餐饮连锁为主业的集团化公司。今天的蓝白食品，不仅生产桃酥、月饼、面包等各类中西糕点，还生产馒头、面条、粽子、汤圆、包子、蒸饺等传统主食食品，建设有建筑面积 1.7 万平方米的加工配送中心一处，产品品种超过 100 多个。

除了食品加工，公司还开辟了自选餐厅、家厨房店、美食广场、酒店、壹包店等餐饮经营业态，各类经营门店近 400 家，网点分布在烟台市区 80% 以上的居民社区，每天为十几万市民提供安全放心的一日三餐。

蛋黄莲蓉月饼

蛋黄莲蓉月饼

丹香蛋黄莲蓉月饼中的蛋黄，由鲁派月饼大师高培义先生历经十余年，足迹寻遍华东区域的大湖小河，最终在京杭大运河微山湖畔，用生长期5个月的湖鸭所产鸭蛋，精心腌制而成，特点是圆润金黄，咸鲜浓香。

月饼中的莲蓉精选赣江广昌白莲，用微火细煮120分钟以上，炒莲蓉时人要不停地搅动、翻动，不敢离场，唯匠心，香浓郁。

月饼中花生油，选取山东半岛莱阳五龙河畔丘陵沙地产优质大花生物理压榨而成的第一道原油，香飘万家。

国饼恒久远

130

青岛丹香投资管理有限公司

丹香集团是一家跨地区、多业态、综合性的烘焙食品企业，是一家传承国内烘焙起源、融合国际烘焙发展趋势的烘焙老牌企业。

乾隆年间，胶东有高氏，善制糕点，传为家业；1913年规模扩至当地最大，创立"丹记"。1956年，"丹记"与玛尔斯等几家青岛中西糕点铺并入青岛糕点厂，高培义先生出任烘焙大师。1995年，高培义大师与企业家王树斋先生成立股份制合作企业——丹香食品，自此"丹香"品牌确立，由王树斋先生传承发展，开始了"丹香品牌"现代化、品牌化发展的开端。

目前，丹香经过几代人的传承积淀，烘焙技术融合我国香港、台湾以及日本、英国等世界各地技艺，经过近20年品牌打造历程，已发展成为集中央工厂、实体连锁运营和线上会员运营为一体的烘焙行业引领企业。

丹香集团现拥有员工3000余人，实体连锁门店300余家，拥有6万多平方米的现代化生产车间，拥有目前国内外最先进生产流水线及设备，同德国SAP合作开发的SCRM、DMS信息化系统打通了生产、物流、销售、运营全体系，丹香获评SAP"大中华区标杆企业"。丹香严格质量及安全管理，通过了ISO9001国际质量管理体系认证、HACCP认证，拥有专业的研发和食品检测中心，产品主要包括生日蛋糕、中西式点心、咖啡、节日产品等，丹香品牌的月饼、蒲松龄家粽、汤圆已成为当地居民的节日首选。

　　桃酥是我国著名的传统糕饼产品，历史悠久，流传广泛，并深受消费者喜爱。

　　"鼎福"桃酥是在充分汲取传统宫廷桃酥和民间多种配方优点的基础上，结合现代消费者的膳食需求组方，精选上等燕麦、薏米、黑芝麻、腰果、榛子、蔓越莓干、沂蒙山鸡蛋等原辅材料，采用 10 万级 GMP 净化车间，全自动负压上面等先进生产设备，经过膨化熟化，精心烘焙制成。

　　"鼎福"牌桃酥选料考究精细，工艺成熟严谨。既保留了传统桃酥产品的口感风味特点，同时更好地突出了健康营养与安全卫生。外观色泽金黄、成型薄圆，大小均匀一致，表面花纹开裂自然、深浅适宜。剖面微孔疏密适当，入口香甜、油酥易化、松脆清香。有蔓越莓干、五谷粗粮、原味和不加蔗糖等多种口味，整体工艺技术处于国内领先水平。

国饼恒久远

山东鼎福食品有限公司

山东鼎福食品有限公司占地 158 亩，总资产 5.18 亿元。主要生产特殊营养膳食、高档饼干、面包糕点、休闲食品、旅游食品、航空食品、无糖低糖保健食品等系列产品。

公司采用当今世界先进的自动化生产设备，配备自动供料系统，拥有全面完善的质量控制体系，通过了出口商检注册、GMP 车间认证，采用国际先进燃气供热焙烤模式，满足婴幼儿食品、保健食品生产要求，是开放型、生态型出口食品加工基地。年产高端食品 6 万余吨，畅销国内各地，并被多家航空公司选定为航空配餐食品。

泰安平安饼

泰山，既是中华民族的精神象征，更是历代帝王朝拜封禅的"神山"。据史料记载，历史上共有 12 位皇帝到泰山封禅，更是留下了著名的"泰山封禅宴"。席间，一款泰安平安饼流传至今。

泰安平安饼是一款酥饼产品，用料及制作十分考究。酥皮为特制精粉面，花生油是每年中秋前夕新鲜压榨的花生油，馅料的花生仁、芝麻仁、核桃仁、南瓜仁等干果都要事先清洗烘焙，香味浓郁。葡萄干、金橘丁、青红丝、瓜条、玫瑰酱、冰糖都是选用最新鲜的。泰安平安饼外表酥香，内里糯润，晶莹通透，吃上一口，唇齿留香，回味无穷。

泰安明梅良品烘焙工坊

泰安明梅良品烘焙工坊成立于1991年，是一家集研发、设计、生产、销售、培训于一体的综合性烘焙企业。近30年来，明梅以"品位、时尚、生活"为品牌核心，以"本土特色＋时尚烘焙＋互联网"为经营模式，不断打造出以泰安平安饼为代表的独具泰安特色、传承泰安人文情怀的优秀糕饼产品。

上等五仁月饼

　　五仁月饼是我国传统的月饼品种，在我国各地都有其当地特色的制作配方。这款五仁月饼，主要体现在原料的选择方面的用心。首先是精选优质果仁原料，瓜子仁产自内蒙古五原、杏仁产自河北、南瓜仁产自内蒙古五原、腰果仁产自越南、核桃仁产自新疆，馅中果仁均须手工精选，经调味工序，配制而成精品五仁馅料。

　　饼皮的制作原料，选用沂蒙老区原产地筋道合适、麦香十足的小麦面粉，饼皮产品层层起酥，品质稳定。产品入口后体现了原料基础的扎实，香味纯正，果仁味道浓郁，颗粒饱满，既符合寻找传统味道食客的诉求，又迎合了新时期消费者追求本真本味的需要。

核桃枣泥月饼

饼皮用水油皮小包酥制作，层次分明，外形圆润。产品的馅料选用传统工艺的优质枣泥，枣香回味醇厚，核桃仁整齐而饱满。

按照苏式月饼的烘烤工艺要求，烘烤时的温度严格把控到位，达到产品的色泽和饼皮质感及酥软圆润的效果。

这款枣香浓郁的月饼，有枣泥做底甜而不腻，核桃仁与枣泥完美搭配，使得产品既健康又美味，枣香纯正，口感筋道。

山东秋香食品有限公司

山东秋香食品有限公司位于国家级临沂经济技术开发区，是享誉齐鲁的"秋香月饼"生产厂家，其主要产品有月饼、馅料、糕点、粽子四大系列100多个品种。企业拥有国内先进的食品生产设备，固定资产3000余万元，占地面积33000多平方米，建筑面积达18800多平方米。

秋香月饼的历史传承要追溯到1926年在临沂名噪一时的长发祥酥皮月饼，历经四代人近百年的发展，铸就了秋香月饼的美名。

御品酥

　　产品原型为满汉全席中 108 道菜点中的一道酥点。这其中每一道点心都有其不可替代的位置,在众多菜点中起到各自起承转合的作用。最初这款酥点由于当时工艺和原料特性的局限,其传统工艺中只有单一内馅。现在随着食材品种的增多,内馅工艺水平的提高,经研发人员的潜心研制,对产品的饼皮和内馅做了工艺提升,使产品不但饼皮更加酥润,内馅也发展到现在的多层次组合。

　　手工精心制作的多层次香酥饼皮,层次分明、饱满润泽,饼皮上沾满油润的白芝麻,一口咬下便是满嘴的香气,吃得出手工制作红豆内馅的香甜。加上咸蛋黄及辣味牛肉松的浓郁香气,搭配日式麻薯,具有口味融合渐变的多层次口感。细细品尝,内外原料的组合、口感的递进,可谓是绝配。

绿豆椪

糕饼工艺采用了传统层酥产品的纯手工制作方法，根据内地消费市场的需求，产品也融入了部分台式的传统制作风格。

一层层薄如雪片的饼皮包裹香甜咸香的内馅，因外形圆凸而形象地称为"椪"，表示蓬松之意，雪白圆润的外形相当讨喜可爱。

内馅采用特选绿豆馅，拌入些许猪油、奶油及红葱头，再佐入美味的肉丁，配合精制猪肉松，烘烤层次分明，细细品尝，引人入胜、入口留香。

爱维尔（苏州）食品有限公司

爱维尔（苏州）食品有限公司，前身为苏州鼎盛食品有限公司，成立于 2001 年 9 月，是以生产、加工、研发和销售为一体的现代化烘焙企业。公司坐落于风景秀丽的大闸蟹之乡阳澄湖镇凤阳路 288 号，厂区占地 70 亩，拥有现代化花园式的厂房近 2 万平方米，日产值可达 300 万元左右。主要生产和销售款式新颖的欧式蛋糕、西饼、面包、西式点心、粽子、中秋月饼、喜庆礼盒、伴手礼礼盒、饮料等。

麻油椒盐酥饼

麻油椒盐酥饼是传统苏式糕点，已有超过百年的历史。

麻油椒盐酥饼的选料沿袭了当地人用料讲究的风格，制作工艺追求精工细作。其体现风味的食材原料麻油和椒盐，依然是用传承百年的选择和放置方法。辅料在成馅前，先要经过预加工拌料调味成馅。另外，精选的面粉筋道适中，经糅合起酥制法，然后包裹以黄金比例搭配的黑芝麻、蜜饯、西瓜子仁、核桃仁、松子仁馅料，制成饼坯，饼坯再经高温烤制成熟。

制成的酥饼面皮起酥圆润，色泽金黄诱人，切开香气四溢，入口酥松绵软，馅料油而不腻，堪称集苏式糕饼特点大成之作。

宫廷玫瑰桃酥

桃酥的历史悠久，很多地方都有这款产品流传在民间的故事和传说。据资料介绍，在古代，桃酥有在宫廷作为皇家糕饼的记载，故名为宫廷桃酥。桃源村在传统桃酥的配方和工艺的基础上，不断改进制作工艺和口感，追求口味的极致。配方中加入特色原料黑糖和玫瑰，结合现代消费者的口味特点，研发出宫廷玫瑰桃酥。

玫瑰桃酥精选小麦粉、黑糖、玫瑰揉和烤制，口感干、酥、脆、甜，入口即化，唇齿留香。既保持传统工艺桃酥的口感精髓，又加入新的口味，一经推出便广受消费者的喜爱。

南京清真桃源村食品厂有限公司

桃源村品牌起源于清朝同治年间的北京牛街，时号"奶茶马"，以善制各类宫廷点心闻名京城，抗日战争爆发后迁至上海，正式立字号为"桃源村"。民国时，"桃源村"进驻南京中央商场，从此在南京落地扎根。

桃源村京式名点"宫廷玫瑰桃酥"和以独创"软酥制法"制作的清真月饼、麻油绿豆糕等深受消费者喜爱。在近一百五十年的发展中，桃源村糕点的技艺代代相传，日趋臻美，以四大清真名点"麻油绿豆糕""玫瑰桃酥""麻油椒盐酥饼""桂花糕"名扬江南。

2014年，桃源村老工厂进行了重建，并于2015年8月全面投产，之后陆续在南京开了十几家清真食品（中点、蛋糕、面包、西点）专卖店，成为江苏省第一家烘焙类全品项的清真食品工厂、南京市第一家清真食品（中点、蛋糕、面包、西点）专卖店。

桃源村，历经近百年的传承、创新与沧桑巨变，如今根植于南京沃土，已成为集传统中式清真食品、新式休闲食品、清真蛋糕面包研发、加工、销售于一体的综合性企业，拥有商超专柜、自营门店、OEM代工、微商城等多方位经营渠道，是华东地区规模最大的烘焙类全品项的清真食品公司。

香菇鲜肉月饼

　　泸溪河香菇鲜肉月饼传承正宗苏式月饼古法技艺，每一道都是纯手工制作，香而不腻，瘦有韧劲，千层酥脆，鲜润喷香。

　　泸溪河香菇鲜肉月饼用料考究，甄选湖北房县童花菇、湖南宁乡花猪肉、湖北荆州石首的桃花鸡蛋、河南南阳小磨香油和江苏垛田香葱等上等食材精制而成。制作工艺细致考究，刚出炉的香菇鲜肉月饼，外相薄皮金黄，层酥相叠。烤透后的肉汁渗进酥皮里，细细地闻，面香里还留着肉香。拿在手上，远处看去，就像一个娇嫩的月团。可内里却蕴藏着一肚子的鲜货，珍品香菇圆润饱满，鲜肉韧性有嚼劲，丰腴的肉汁吮指留香。轻轻地咬上一口，酥皮松脆掉渣，融合着热气腾腾的馅料，好吃到咬嘴巴！

季朵（南京）食品有限公司

泸溪河品牌创建于 2014 年，是一家具有中式传统糕点特色的烘焙品牌。总部位于南京，主要生产经营中式糕点、西式名点，涵盖了油酥类、混糖类、浆皮类、炉糕类、蒸糕类、酥皮类、油炸类等糕点类别，其中桃酥和香菇鲜肉月饼为代表性产品。

好一朵茉莉花饼

　　曾经，南京女孩宁茉香在赏茉莉花时，邂逅了法国摄影记者马丁。两人背景相异，却对茉莉芬芳有着共同向往，他们相约在茉莉园里散步，在秦淮河上划船、哼着"好一朵美丽的茉莉花，芬芳美丽满枝丫"的曲调，《好一朵茉莉花》成为他俩记忆里最清新隽永的乐章。今日，这些旋律伴随金陵人文风尚，持续传唱，所创经典文化，共谱在你我的故事里。

　　好一朵茉莉花饼，以江苏省省花并传承《好一朵茉莉花》民歌文化为初心，将清新、淡雅、自然的茉莉花融入糕点中，把歌谣具象化，同时联系地域文化，生产属于江苏特色的"旅游伴手礼"类糕点食品。好一朵茉莉花饼，目前拥有四款产品：清唱原味像似初见，交响乳酪像似交往，圆舞茉莉像似热恋，茉莉马丁就是修成正果。

　　茉莉花馅精选昆明花都种植的茉莉花为主要原料，经糖、蜂蜜腌渍去除口感中苦涩的味道，保留茉莉花的清香，焦糖馅料为茉莉花增色增香，面皮运用酥性面团的制作方法，加入美国巴旦木粉，利用朗姆酒独特的风味融合新西兰黄油，让皮更蓬松；以讲究的皮馅比例，制作出入口松酥、甜而不腻的好一朵茉莉花饼。

江苏六朝十代食品有限公司

江苏六朝十代食品有限公司于 2015 年 5 月 7 日成立，注册资金 5000 万元，是一家集生产、销售、研发为一体的专业化公司，主要经营地方特产和旅游伴手礼及文创商品等。公司旗下品牌有"好一朵茉莉花""江南贡院""两小无猜""桃叶渡"等。

"好一朵茉莉花"是江苏六朝十代食品有限公司旗下的地方特产和旅游伴手礼品牌之一。好一朵茉莉花饼以食用型茉莉花作为食材，以好一朵茉莉花民歌文创为主题，蕴含着南京本土的深厚底蕴和江南的似水柔情。

国饼恒久远

中秋，是中国人重要的传统节日之一。苏式月饼，作为中国重要的月饼流派，一直深受消费者的喜爱。

苏式月饼是苏式糕点的代表，历史悠久，颇具传统特色，苏式月饼制作技艺是古代人民的集体智慧结晶，源于唐朝，盛于宋朝，兴于明清，在苏州及周边地区众多老字号糕饼企业的共同努力下，得到了全面发展和振兴。苏式月饼，皮层酥松，入口易化，色泽美观；苏东坡赞美其"小饼如嚼月，中有酥和饴"。

南京冠生园苏式月饼产品主要有素椒盐月饼、素五仁月饼、麻椒盐月饼、麻五仁月饼等品种，是其最具传统特色、最具代表性的产品。苏式月饼产品系列中又以苏式椒盐月饼咸甜适口的特色深受人们喜爱。

优质的食材是制作上等苏式月饼的基础，苏式椒盐月饼选用优质小麦粉、精制食用植物油或猪油、甄选果仁，经制酥皮、包馅、成型、粘芝麻、焙烤等工艺加工而成。椒盐月饼酥皮要求香、酥、松、脆，水油面和油酥面擀推均匀，层层叠加，烤制后自然膨松，分层清晰，薄如蝉翼，脆若雪梨，有千层之喻。椒盐月饼馅料多用果仁、果脯、芝麻，加桂花调香，表皮酥

脆易化，馅心咸甜适口，表面粘上黑白芝麻，香味浓郁，令人垂涎欲滴。

南京冠生园苏式月饼延续了苏南传统糕点制作手艺，并经过 36 道繁杂的工艺制作而成，成了老南京人心头的一道味觉记忆。

南京冠生园食品厂集团有限公司

南京冠生园是中国烘焙食品老字号企业之一，从 1918 年创始至今已有逾百年的历史。"质量、健康、人文"一直是南京冠生园的企业理念与精神。公司按照"药品生产质量管理规范（简称 GMP）"的标准建设现代化的中央工厂，拥有 10 万级的净化车间；引进先进的质量检测和生产设备；产品实行统一生产，统一配送。同时通过了国际质量管理体系、国际环境管理体系及食品安全管理体系三项认证。

公司以"人类健康，食品安全"为产品发展方向，不仅要引入新一代健康食品，更要从传统食品中提升健康元素。养生之道，莫先于食。南京冠生园秉承创新发展、惠泽于民的理念，在糕点烘焙的基础上不断扩展经营内容，形成独特的膳食理念，传承药食同源，将美味与养生有效结合，激发最大功效，打造天然滋补的传统保健食谱。

百年的风雨沧桑，百年的磨砺奋进。南京冠生园本着"食品事业，良心事业"的宗旨，做中国放心食品信誉品牌企业，无愧于百年品牌的历史使命。古老的品牌必将重新焕发出耀眼的光芒。

鲜肉月饼

　　清朝，苏州有个姓叶的后生，善做饼。有一天，他的老母亲病重，水米不进，他想了很多办法都没有用，最后，他用鲜肉做馅，酥皮包之，煎烤而制的鲜肉月饼，老母亲一连吃了几个，赞不绝口，病也渐渐痊愈。姓叶的后生就是长发集团旗下百年老字号叶受和的创始人——叶鸿年，鲜肉月饼也流传开来，成为苏浙沪一带著名的中秋节令佳品。

　　鲜肉月饼，油酥皮，层次分明，油而不腻，馅完全是由一大团鲜肉（猪肉）组成，皮脆而粉，又潜伏着几分韧，丰腴的肉汁慢慢渗透其间，可谓一绝。馅料选用知名黑毛猪，精用后腿肉，加独特配方调制而成；传统工艺制饼，保证品质如一。

苏州长发食品有限责任公司

苏州长发（叶受和）食品有限责任公司起源于苏州叶受和食品。叶受和创办于清朝光绪十一年，为商务部命名中华老字号企业，其苏式糕点制作技艺被列入江苏省非物质文化遗产保护名录。2018 年仅鲜肉月饼销量即达 1400 多万个，这在全国绝无仅有。

公司在苏州相城区拥有一个占地近 4 万平方米的现代化食品生产加工基地，50 多个连锁门店分布在全市各主要商业街区，以生产销售苏式、广式月饼、蛋糕、面包、苏式糕点、休闲食品为主，产品一直保持着良好的信誉与口碑。

公司产品实现 SOP 生产管理模式，保障了产品始终如一的优良品质，现烘苏式系列月饼、面包、西点通过冷链配送到全市连锁门店，在门店现场焙烤，保证了产品的新鲜、健康、自然。

公司在月饼及苏式糕点的生产制作上，坚持传统工匠精神，并发扬光大，努力创新，让长发成为苏州人值得自豪的本土品牌。

梅花烙

相传，乾隆皇帝下江南时，身体抱恙。小太监为讨乾隆欢心，四处打听寻得民间美食献给皇帝。乾隆尝后，顿时觉得神清气爽，问小太监美食出处，于是小太监带着乾隆来到了一家简陋的店铺，只见一罗裙飘曳的女子正在细细揉面。微微转身，乾隆被那清秀的五官、婀娜的身姿惊呆。顿时感慨道："世间竟有如此美貌女子！"这位殷姓女子正好与乾隆四目相对，生了爱意。殷氏身份卑微，乾隆无法将她带入皇宫，于是约定，每年梅花盛开时，即是两人重逢之日。后来乾隆六下江南与她短暂相逢赏梅离开后，殷氏不舍，在梅花树下伤心而泣。此时，梅花树幻化成老婆婆，安慰殷氏说："孩子，不要哭泣！花开五福，寓意长寿、富贵、康宁、好德、善终，你可以把祝福传递给心中人。"殷氏回到店中，将自己的糕点全部做成五福形状，把浓浓心意包裹在颗颗点心中。这就是梅花烙的由来。

包含了深情和祝福的梅花烙，状如梅花，自然清新，口感柔软细腻，色泽浅黄，口味清香，绵软不粘牙。

如今的梅花烙选料更加严苛，采用100%精选泰国进口绿豆，先进的绿豆去皮技术，口感更加细润紧密；进口新西兰黄油，新鲜奶油风味，质

构紧密，有弹性，更加健康，更加天然。

选用优质海藻糖，甜度适中，仅为白砂糖的45%，性质稳定不褐变；具有极佳的耐热性及耐酸性、防腐性；用海藻糖保存食品，能够使食品的色泽、味道、风味及维生素等营养物质得以保持。

苏州都好食品有限责任公司

好利来企业始创于1992年，现为拥有上亿元固定资产，7000多名员工，集北京好利来企业投资管理有限公司、北京好利来工贸有限公司、北京好利来商贸有限公司等三家控股公司的大型食品专营连锁企业集团。

1996年好利来进驻苏州，苏州都好食品有限责任公司是华东好利来全额投资独立经营的华东区域中央工厂。总投资5000万元，建筑面积9300平方米，设计年产值5亿元，公司位于吴中经济开发区河东工业园南尹丰路166号，专业从事蛋糕西点制作、面包烤制、中点加工及代工。公司引进了多台先进的生产及包装设备，凭借科学的生产流程与严格的管理体系，一流的技术员工，为华东好利来及苏州周边旅游景区、宾馆饭店、集团用户提供美味的烘焙食品。

苏州都好食品在好利来管理体系下，始终以客户满意为最高宗旨，以最优质的产品、101%的服务以及高标准的卫生管理为诉求，以团队、勤奋、诚信、务实为管理信条，不断探索着企业的生存发展之路。

嵌桃麻糕

　　泰州当地流传的一首民歌唱道："泰州人送礼三件头，嵌桃麻糕麻饼香麻油。千里送鹅毛，礼轻人意重。"

　　泰州，地处江淮冲积平原，周边农村土地肥沃，气候温润、物产丰富，在纵横交错的河岸坡地上，农民有种植白芝麻的习惯，这里所产白芝麻油脂含量高，香味纯正，是加工麻糕的优质原料，数百年前已享有盛名。

　　20世纪50年代中期，著名京剧表演艺术家梅兰芳先生寻根祭祖、返乡访问演出回到泰州，连演六天，一分钱不收。临走时，泰州人民也只送给他两斤嵌桃麻糕、四瓶麻油，可见"嵌桃麻糕"在泰州人心中的分量。

1934 年吉呈祥茶食店业主为参加江苏省物品展览会，将桃仁嵌入糕中，所精制的嵌桃麻糕获得了江苏省物品展览会一等奖，从此嵌桃麻糕闻名国内外。泰州市红五星食品有限公司成立于 1992 年 8 月，为传承泰州嵌桃麻糕技艺，聘请了时任泰州糖果糕点厂车间主任周纯正老师傅，周纯正从九岁起便在泰州最有名的"吉呈祥"糕点铺当学徒，学做嵌桃麻糕和月宫饼。

泰州嵌桃麻糕选料精致，选用里下河隔岸生长的芝麻，麻仁饱满，植物油脂含量高，香型纯正，炒米粉选用里下河盛产的圆身香糯米（长身糯米黏度不够），加上云南产的核桃仁、广东绵白糖、各种天然香料，按传统配方严格配比，然后再经搅粉、过筛、压粉、嵌桃炖制、回气、开条、切片、排盘、烘烤、起盘包装等十八道工序制成。

泰州嵌桃麻糕，每片 7 厘米长，3 厘米宽，厚度 3 毫米，茶黄色的麻糕片中，巧妙地嵌入了蝴蝶状的核桃肉片，更显得造型优美。入口酥而不散、脆而不板，果仁清香，余味满口。

明清以来，每当进入农历八月，泰州家家户户总要买月宫饼，月宫饼象征团圆、吉祥、孝心。家家户户用月宫饼、苹果、莲藕、菱角、柿子、石榴等水果配之檀香，置室内或户外月光下的祭月仪式，已成为当地人中秋节之夜必不可少的活动，以祈求来年的团圆幸福生活。

20 世纪三四十年代，泰州商业中心坡子街卖月饼的糕点铺达数十家。每到中秋节前，购买月宫饼的老百姓络绎不绝，成为当时的一道风景。如今中秋节，抢购月宫饼的景象仍在泰州红五星的各个直营店上演。

红五星月宫饼的技艺源于原泰州市糖果糕点厂周纯正先生，他从九岁起，便在泰州最有名的"吉呈祥"糕点铺当学徒，周先生一生从事泰州传统糕点的研究，对月宫饼、嵌桃麻糕、麻饼研究尤深。周先生带领红五星技术团队对红五星月宫饼的传统生产工艺、烤制方法、关键配方做了成功的探索，在苏中大地大放异彩。电影《香河》的作者刘仁前先生曾说：红五星月宫饼，是泰州人心中的月亮。

红五星月宫饼每只 500 克，直径约 18 厘米，形如满月，喻义月宫，色呈蟹壳黄，食之松脆润口，果仁充盈，料香四溢，配之本公司精心制作的纯黑芝麻油，呈现给您的红五星月宫饼堪称中秋团圆文化与营养美味的完美结合。每年中秋节前来自全国各地的数千名美食爱好者会如期而来，为的就是尝一口充满诗情画意的红五星月宫饼。

泰州市红五星食品有限公司

泰州市红五星食品有限公司始创于 1990 年，目前工厂占地面积 80 余亩，建筑面积 25000 平方米，拥有办公楼、六个生产车间、三大专业库房、职工宿舍楼、食堂等，配套设施齐全。厂区绿化率达 50% 以上，工厂基本实现机械自动化生产，拥有各类专业生产设备 105 台，物流专用车辆 25 辆。同时公司拥有自营专卖店 20 家，在省内多家大型连锁超市设有产品专柜。员工近 300 人，并与江南大学、南京农业大学、扬州大学、江苏畜牧学院建立了科研联系，固定资产净值四亿元人民币。

公司产品丰富，有现烤面包、生日蛋糕等西式糕点，也有粽子、月宫饼、各式月饼、八宝饭等中式节令、日常糕点产品，能满足广大消费者的各类需求。

金桂酥

苏州是有2500年建城史的国家历史文化名城，苏州物产丰富，人文昌盛，苏式糕饼更是以其雅致的造型、细腻的口感名扬天下。

传说乾隆皇帝第一次下江南正值八月桂花飘香和金橘采摘之时，乾隆在领略江南美景的同时也深深被江南的美食所吸引。其中有一款用桂花做成的桂花糕因口感香郁而深得乾隆的喜爱。为了取悦乾隆，当地官员想尽办法，最后糕饼师傅在原来桂花糕的基础上添加了金橘，并取名"金桂酥"。乾隆品尝后非常喜爱，遂成为江南特色名点流传至今。

如今，金桂酥的制作仍采用传统的苏式糕饼手工拌料工艺，配料选用现代的奶酥油和上等原材料，口感更加绵软，更加适应现代人的需求。金桂酥，色泽金黄、桂香沁人肺腑、金橘甜酸可口，深受消费者的喜爱。

香梅茶酥饼

"明月初尝碧螺春，西山梅海艳若云。轻歌曼舞恍若梦，吴侬软语添温馨。"诗中描绘的正是苏州初春的美景。古城苏州，人杰地灵，饮食文化、糕饼文化丰富多彩。其中，最负盛名的莫过于姑苏茶酥饼，其核心馅料均取材于太湖的洞庭碧螺春和太湖中的西山梅子。香梅茶酥饼，在传承姑苏茶酥饼制作工艺的基础上，融合了台湾西饼的制作工艺加工、烘焙而成。香梅茶酥饼既有春茶的清香又有梅子的酸甜，香、酥、酸、甜、色香味俱全。一块酥饼配上一盏碧螺春，江南春色便全然溶入口中了。

苏州市百龄麦食品有限公司

苏州市百龄麦食品有限公司地处吴中区胥口镇，东临风景秀丽的古镇木渎，西临素有"苏州第一山"之称的穹窿山，厂区面积10000多平方米，是一家以生产月饼、粽子、年糕为主，辅以生产中西式糕点的综合型食品企业。

公司产品采用进口的专用小麦粉及优质食品原辅料，选料上乘、工艺精湛、馅料清香、皮薄馅靓、包装精致，产品深得客户赞许。公司具有完善的市场网络、完备的管理体系、优秀的技术人员、宽敞明亮的厂房、现代化的设备及生产流程，从而保证了食品的质量安全。上乘的产品质量赢得了客户的信赖，如今，长三角北方大部分地区的星级酒店都是百龄麦月饼、粽子的OEM客户。

公司将以"质量求生存、管理求效益、持续满足顾客要求"为宗旨，力求产品精益求精，为社会各界服务。

广式火腿五仁月饼

　　相传我国古代，帝王就有春天祭日、秋天祭月的礼制。在民间，每逢八月十五中秋佳节，也有拜月或祭月的风俗。月饼，中秋祭月的供品，也是合家团聚共同分享的节日美食。时至今日，月饼早已成为中秋亲朋好友间互相馈赠的节日礼品。《西湖游览志》记载："民间以月饼相馈，取团圆之义。"苏东坡以"小饼如嚼月，中有酥和饴"来赞誉月饼。

连云港地处淮海地区，五方杂处，人文荟萃，饮食文化兼南北之长，丰富多彩。万千广式火腿五仁月饼，精选正宗金华火腿肉，搭配橄榄仁、核桃仁、杏仁、瓜子仁、芝麻仁，加以秘制香料，结合独特工艺调制，使火腿的口感更胜一筹。馅料甘香爽口，咸甜适中，深受当地消费者喜爱。

江苏万千食品投资有限公司

　　江苏万千食品投资有限公司是一家集研发、制造、销售为一体的国内烘焙知名企业。公司产品主要有高品质生日蛋糕、西点、面包及无防腐剂的优质饼干类食品、端午香粽、中秋月饼等系列产品共计400多个品种。

　　公司硬件设施先进，现有社会技能培训中心820平方米，职业技校中心2800平方米，生产、研发实验楼6100平方米，配送中心2500平方米，地下停车场1800平方米。其中，中心实验室拥有国内最先进的检测、分析设备和现代化无尘观光生产线。透明直观的操作流程、一流的卫生设施、先进的生产设备，精选上等的原材料，使公司为消费者倾力奉献高营养、高品质的产品提供了有力的保障。

净素月饼

功德林净素月饼属于苏式月饼风格的品种。原料选择精益求精，产品皮料用水油皮制作，经过反复折叠擀制，层次稳定清晰、外观圆润饱满。馅心为传统素食馅料调制，产品的配方工艺依古法传承，用心制作，每逢中秋节必是送礼和聚会的传统糕饼食品，深受江浙地区人民的喜爱。产品皮层酥松，色泽美观，馅料肥而不腻，口感松酥，完美地体现了传统月饼的品质口感。

2008年功德林的素食制作技艺被国务院列为国家级非物质文化遗产保护项目。

上海功德林素食有限公司

　　功德林创办至今已有近百年的历史。20 世纪 20 年代初，上海的佛教寺院发展很快，社会上吃素的人也随之增多。但在那时除了寺院庙宇设有素菜斋饭以外，社会上没有一家专做素菜的饭店。当时，杭州城隍山常寂寺讲经佛师维均法师就嘱咐其高徒赵云韶居士可去上海开一家素菜馆。赵云韶在佛教界颇有交际，他与各大寺院都有交往，对寺庙办素斋极为熟悉。他来到上海后，即与南洋兄弟烟草公司的简照南、简玉阶两兄弟一起，召集了信仰佛教的名人集资 2 万元，于 1922 年农历四月初八释迦牟尼生日的那天，在上海北京路贵州路口的祥康里，创办了上海第一家专门供应素食的饭店，取名为"功德林素食处"。以"弘扬佛法，提倡素食，戒杀放生"为宗旨，开创了素食餐饮文化的新篇章。

　　2004 年，具有 11000 平方米规模的功德林素食工业有限公司展现于上海松江九亭高科技园区，这座以国际标准建造的食品厂，不仅是一家符合现代化食品生产的恒温、恒湿、防尘，和拥有国内外先进生产设备的现代化企业，而且还通过了 ISO9001 国际质量管理体系认证、HACCP 食品安全管理体系认证、美国 FDA 认证，成为国内第一家通过质量认证和出口认证的素食食品厂。

国饼恒久远

熙，光也。——《尔雅》

采用1:1的蛋形比例，还原"蛋"生形象，用传统金文雕琢复古字体。"熙"即光的使者，是万物的起源，是生命的分割线，一声啼哭，一片光明，"熙"寓意新生命的降临。天赐熙蛋特邀台湾糕点大师指导研发，严选原料，反复调制，精准配比。Q心冰晶韧糕，软Q糯糍；正宗海南土凤梨馅，果肉饱满，去皮成馅；秘制咸鸭蛋黄，研磨成细沙。通过一定的比例将土凤梨、Q心、咸鸭蛋黄沙合理搭配，三种馅料层层叠加，细、糯、软、沙，层层有味，层层不同味。采用十几道传统工艺制馅与台式桃山皮搭配，慢火烘烤，甜而不腻，口感独特，堪称一绝。天赐熙蛋，不仅是美味，更是一种诞生文化的传承。

御赐玺蛋

制作灵感来源于"红蛋报喜"的民间习俗，既有"蛋生"文化，又赋予喜蛋报喜之气。采用正宗的苏式饼皮及传统工艺制作而成，选用香港知名品牌低筋粉、新西兰进口黄油，饼皮韧性十足；提取天然红曲米的红色，赋予外形更多喜悦之气。制作馅料严选优质食材，外馅采用脱皮绿豆沙，包入自制咸鸭蛋黄沙，精心烘焙而成，饼皮酥软细腻，饼心色泽分明，口口酥软，回味无穷。将传统饼皮制作工艺与现代工艺融合，更贴合现代消费者对美味的追求。

饼承传统，糕揽精华，爱哆哆喜饼坚持自主研发和创新，将传统喜饼文化融入其中，再汲取西式糕点精华，诞生报喜，完成了从红卤蛋到天赐熙蛋、御赐玺蛋的华丽转变。

爱哆哆喜饼

爱哆哆喜饼2008年创立于上海，致力于诞生、结婚、金榜、乔迁、祝寿等人生喜事回礼，是一家集生产、研发、销售于一体的食品公司。拥有一支强大的设计团队，并联合来自台湾、上海的知名设计公司，依靠专业的设计能力和敏锐的市场嗅觉，每年新上百余款产品，涵盖中式、卡通、清新等风格。同时自有生产工厂——颂爱，采用进口设备和先进生产工艺，产品安全有保障。历经过10年高速发展，公司现有线上线下近50余家店铺，300余家分销加盟商，遍布泛长三角、泛珠三角、环渤海和西三角经济圈。

老五仁月饼

　　五仁是五种植物的种子，蕴含"五谷丰登"之意，同时也隐喻了"仁、义、礼、智、信"的儒家五常。清代，在袁枚的《随园食单》中曾记有："用山东飞面作酥为皮，中用松仁、核桃仁、瓜子仁为细末，微加冰糖和猪油作馅。"文中所记录的就是五仁月饼的一种，和现代五仁月饼所用馅料已经很接近了。

　　老五仁是中华月饼大家庭中的重要成员。老五仁月饼含多种果仁，营养丰富。例如，芝麻仁含有维生素 E、卵磷脂和多量的钙；松子仁含有丰富的脂肪、蛋白质、维生素 E 及钾、磷等营养素。为了提升传统五仁月饼的口感，阿哆诺斯老五仁月饼的饼皮中特意加入了黄油和乳酪，丰富了月饼的口感，提升了营养，更满足了年轻消费群体的需求。

上海阿哆诺斯食品有限公司

阿哆诺斯是 20 世纪 90 年代初在上海创立的烘焙连锁品牌，主营蛋糕、面包、咖啡、中西式点心、月饼、粽子等产品。

1999 年澳门回归时，温州市政府为喜迎澳门回归，委托阿哆诺斯制作了长达 19.99 米的蛋糕，并申报吉尼斯世界纪录。2009 年，公司斥资千万打造世界领先的流水线作业设备，引进先进的管理模式，在全国各地建立了成熟稳定的销售网络，与近千家企事业单位建立合作关系，产品销路遍布全国各地。2015 年，公司新工厂投产，并增设了八大管理系统，进一步提高了生产管理水平，为保障生产出稳定的高品质产品奠定了基础。在生产和品质有了保障后，阿哆诺斯品牌也更加注重产品研发。公司技术团队从原料、工艺、特色、造型、口味等方面对产品进行了全面的升级改造，让产品不仅更加贴近消费者，也进一步引领烘焙市场的流行趋势。

　　婺式月饼的历史最早可以追溯到宋代。宋代《吴氏中馈录》中记载有雪花酥的制作技艺，正是婺式月饼的雏形。清代诗人袁景澜曾作"入厨光夺霜，蒸釜气流液。揉搓细面尘，点缀胭脂迹……"描述的正是婺式月饼的制作流程。

　　婺月尊重传统，严选优质食材，配以传统秘方，精心烘焙而成。一般传统月饼面皮采用面粉加糖，制作成型后抹上糖浆烤制而成，色泽金黄。婺式月饼面皮则使用米粉加糖，制作成型后放入蒸笼蒸制而成，色泽洁白。这种"雪片月饼"原料主要是糕粉（米粉为主的一种原料），加糖后搅拌拍打均匀，再用"铜揿"压实，再将糕粉放到蒸笼上蒸熟。老月饼纯手工

打造，无添加剂、无香精、无色素、无保鲜剂，具有传统月饼无法拥有的细腻口感和低热量，保质期也只有十天。

为了将中秋原本的味道，完完整整地保留下来，婺月采用的内馅是当季五仁。五仁分别指的是核桃仁、杏仁、花生仁、瓜子仁、芝麻仁，营养价值较高。山山家婺月皮薄酥软，层次分明，用料扎实饱满，口味香脆清甜，让你吃到的每一口，都是家乡的味道！

浙江山山家食品有限公司

山山家创立于 2003 年 12 月 18 日，经过十多年创业，现已发展成为浙江山山家食品有限公司，注册资金 1000 万元。公司总部位于金华市婺城区双龙北街 378 号山山家蛋糕艺术体验馆。体验馆建有浙中地区第一家 10 万级的洁净无尘生产车间。生产中心位于金华市经济开发区马鞍山始丰路 236 号，拥有标准厂房 5000 多平方米，目前有员工 600 余人。

山山家以卓尔不群的品质、别具匠心的造型、温馨优雅的环境、热情周到的服务为目标，专注于生产糕点，主要经营面包、蛋糕、月饼、粽子，并结合市场需求，全面推出蛋糕 DIY 艺术体验、冷餐酒会等，成为浙中地区追求高品质、追求时尚新生活的标杆食品企业之一。

近几年，企业抓住机遇，实现快速发展，朝着多元化方向发展，现公司在金东区征地 233 亩，建设成集旅游休闲、苗圃花卉、创意景观、生态环保，机械化生产为一体的现代化 AAA 文化产业园。打造属于金东区独有的旅游新业态，为建设中国人文智慧城市和国家休闲农业公园，打造长三角都市乡村休闲旅游地而努力。

黄山烧饼

黄山烧饼是徽州特色小吃，形似螃蟹背壳，色如蟹黄，故又名蟹壳黄。它是采用熬炼七八成熟的菜籽油炒油酥面，同三分之二的水面揉和擀成多层次的面卷，选霉干菜和肥膘肉做馅，芝麻撒面，然后放入特制的大炉中，贴于炉壁，烤熟取出。刚出炉的"蟹壳黄"，不待入口，便觉得香味浓烈，咬一块，既酥又脆，层层剥落，满口留香。

以上等精面粉、净肥膘肉、霉干菜、芝麻、精盐、菜油等手工分别制作皮、馅，经泡面、揉面、搓酥、摘坯、制皮、包馅、收口、擀饼、刷饴、撒麻、烘烤等 10 余道工序制成。其烘烤系在特制炉中进行，内燃木炭，将饼坯贴于炉的内壁，经烘烤、焖烘及将炉火退净后焙烤，前后在数小时而成。其烧饼层多而薄，外形厚，口味香、甜、辣、酥、脆。由于烘烤时间长，饼中水分大多蒸发，利于贮存，一旦受潮，烘烤后依然酥香如故。又因上白面粉搓酥，使面皮分层薄如纸，致烤制后酥松油润而不腻。用腌制好的霉干菜加上新鲜的猪肉、晒干的花椒做成的烧饼馅，咬一口有种淡淡的麻辣味，让人回味无穷。

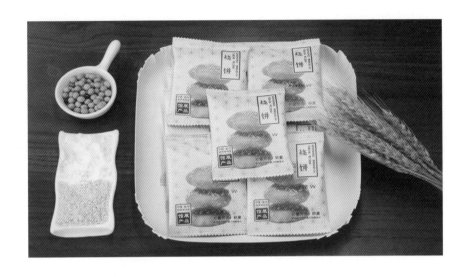

黄山市胡兴堂文化发展有限公司

胡兴堂，始创于1823年，由徽州制饼名人胡公创立，迄今已有200年历史。胡兴堂凭借糕点出众、诚信经营，声名鹊起，更得益于胡雪岩的资助盛极一时，后因时势变迁朱老五火烧屯西街，胡兴堂被烧，辉煌不再。1992年，胡公后人胡国训恪遵祖训，创立了黄山超港食品有限公司，现已发展为拥有70多家跨区域连锁经营的现代烘焙企业，并于2011年重振祖业，在屯溪老街再度恢复了"胡兴堂"这一百年老字号。

胡兴堂作为百年徽文化集大成者，聚焦徽饼、徽茶、徽菜，做正宗徽味，矢志以百年老字号品牌"胡兴堂"植根徽食及徽文化，做强做大传统徽饼事业、拓展徽茶领域、发展徽菜产业，以时尚新秀品牌"超港"布局现代烘焙业，传承亦创新，致力于以光大者的身份与姿态，承继、传扬和光大百年徽文化。

青团是江南地区清明节的节令小吃。清代文人袁枚在《随园食单》中记载了青糕、青团的做法："捣青草为汁，和粉作粉团，色如碧玉。"清明节前后，艾草的生命力最旺盛，人们用艾草来制作青团，也有用小麦草、浆麦草等其他绿色植物来制作青团。从中医角度来看，艾草有平喘、利胆、消火、抗菌、驱寒、除湿等功效，而小麦草的汁有去油解腻、消食降火的功效。如今的青团在传统中不断创新，咸蛋黄肉松青团、鸡丝培根青团、乳酪椰果青团等新品种都成为消费者热捧的口味。

嘉兴市真真老老食品有限公司

嘉兴市真真老老食品有限公司是一家以糯米、猪肉、赤豆等农副产品为主要原料专业生产、销售粽子的专业食品企业。公司现有正式员工500余人。拥有加工生产机械40余套，年生产粽子2亿余只。现占地90亩，建筑面积7.5万平方米，集技术研发、原料加工、食品生产、粽子机械生产为一体的现代化粽子产业园。

真真老老质量管理以企业整体发展战略为指导，对于糯米制品生产经营链中的各个环节进行严格把关，确保对每个环节进行监控并保证安全。协同大米、肉类经销商、服务商等所有经营链条人员继续参与、实施"全过程、全方面、全员化"的全面质量管理体系，完成质量监控机制，始终保证产品的100%安全。

　　层层旖旎香，灼灼芙蓉姿，小饼如嚼月，中有饴和酥。苏式月饼源于江浙一带，以饼皮层次分明、色泽美观、口感松酥、甜咸适口不油腻、形状小巧等特点深受消费者的欢迎。

　　南苑苏式月饼制作上秉承古代匠人纯手工精心制作的传统。在严格的卫生条件下，经过选料初加工、捏馅、分皮、擀皮、包馅、成型盖章、烘烤、冷却、包装等几十道工序完成。南苑苏式月饼以素馅为代表，根据现代人们的口味和健康饮食追求，在选材上极为考究，提倡低油、低糖工艺配方，尝试用特级初榨橄榄油（含丰富的多不饱和脂肪酸）制作，追求健康理念，经过反复论证和改良得到消费者的认可与好评。

宁波南苑食品有限公司

宁波南苑食品有限公司于 2001 年成立，是以"南苑月饼"生产为基础，以进口橄榄油、有机大米及烘焙产业开发等为发展方向的食品企业，坚持"用良心做食品"的理念和"品质创造美好生活"的品牌理念，致力于经营绿色、健康、安全的放心食品。公司通过国际标准化的质量管理体系和食品安全管理体系认证，产品深受海内外消费者赞誉。

公司研发中心拥有一批加工技术熟练工，有和面、手工、设备、烘焙、包装等各道工序老技师；技术研发中心，以健康安全为导向，先后开发苏式橄榄油素型月饼、橄榄油广式月饼，降低月饼中饱和脂肪酸含量，制作口味清新、不油腻、更健康的产品；质检、品控专业团队，从原料验收、各工序品控、成品出厂检验、产品安全验证、体系认证审核等全面进行质量管控。

此外，南苑食品公司还从日本引进先进生产设备，配置月饼包馅机、成型机、排盘机共四条流水线，以及隧道炉、旋风炉、多台塑封机等大型全自动设备，以及配备专业操作人员和养护人员，保障生产正常进行。生产车间采取人流和物流完全分离，各工序工器具分离、各段员工服装分离等手段，从各方面控制交叉污染。配置五台食品动态净化机，改造气流循环系统，实现生产过程中动态的空气净化效果，包装区达到 10 万级洁净标准要求。

麻饼

邵永丰麻饼制作技艺的渊源可追溯到汉唐时的"胡饼",后又被称为"胡麻饼""麻饼"。东汉刘熙《释名·释饮食》云:"胡饼,作之大漫沍也,亦言以胡麻著上也。"唐《初学记》引《前赵录》曰:"石季龙讳胡,改胡饼曰麻饼。"《续汉书》《太平御览》《资治通鉴》等历史文献中对胡饼的记载很多,足以说明其已经成为当时的常见食品。

唐白居易《寄胡饼与杨万洲》诗云:"胡麻饼样学京都,面脆油香新出炉。"因白居易幼时曾随父寓居衢州(白居易之父白季庚曾任衢州别驾),此诗被认为是描写衢州麻饼的历史见证。

麻饼从原料选购加工到制成品要经过80多道工序,全由手工完成。内馅以黑芝麻仁、核桃仁、瓜果仁料配置,饼外用脱皮过的白芝麻仁双面上麻,以白炭吊烤炉上下炭火烘烤,呈红心白沿边状,饼外松、酥、脆,内柔、绵香。

麻饼制作过程中的上麻(瞬间的技巧)。无须手工摆放,簸箕中30个麻饼在饼师手中一圈一圈地转时,会自然排列成不等边六角形,待几秒钟的上麻(麻饼面抹上脱过壳的白芝麻仁)后,30个小饼又整体腾空而起在空中翻个身回落到簸箕中上另一面饼的芝麻,上麻过程颇具观赏性。

衢州市邵永丰成正食品厂

邵永丰麻饼店由衢州江山人邵芳恭始创于清光绪二十二年（1896），是晚清最为知名的麻饼店之一。20世纪80年代百年老字号邵永丰麻饼店恢复营业，2001年成立衢州市邵永丰成正食品厂，注册"邵永丰"商标。2006年被商务部评为"中华老字号"。2007年，邵永丰麻饼制作技艺被列入第二批浙江省级非物质文化遗产代表作名录。为此厂里建立了一座"中华老字号"文化传承培训基地和非物质文化遗产手工技艺博物馆，为弘扬传统糕饼文化而努力。

肉饼

　　"肉饼"是闽式传统糕点之一，在莆田民间一直广为流行，深受百姓喜爱。早年间莆田人外出劳作或走亲访友常会带上肉饼作为果腹点心和馈赠手礼，也常被作为是祈福平安、朝拜祭祠的供品点心。肉饼，面皮麻香扑鼻，金黄酥脆，馅饱料足，晶莹甜润，入口香酥。每一口都是记忆中暖心纯粹的美味感。饼呈圆形，有团圆美好之意，亦成为中秋佳节亲友围坐赏月常吃的特色月饼。穿越时光的长廊，逐渐成为莆田当地人和遍布全国以及旅居海外游子记忆里那熟悉的甜蜜乡愁。

　　复茂是莆田的百年老字号，复茂肉饼，经几代匠人传承古法，不断创新，既延续了经典口味，又成就了新时尚。制作肉饼，需精选绵白糖、花生仁、红葱头、冬瓜条、糕仔粉、面粉、精炼猪油、青葱、冰肉等食材。复茂为了达到理想的口感而坚持手工制作工艺，饼皮要坚持低温长时间的松弛，使面筋自然扩展。馅料中的冰肉，选材肥肉的厚度需达到 2 厘米，切丁的规格也是有严格的切割标准，冰肉的秘制时间要求达到 15 ~ 20 天才能使用，要求低温储存，让肉丁的中心产生晶莹剔透的效果。烘烤时，皮馅比例为 1 : 9，保证高温烘烤后的饼皮酥香油润，内馅有水晶感。

福建复茂食品有限公司

福建复茂食品有限公司位于福建省莆田市，公司成立于2003年，是一家集生产与销售为一体的现代化综合性食品企业。公司前身是复茂饼家，20世纪初由郭诚猷先生创立于福建省莆田市，至今已有百年历史，是一家专业制作中西式糕点的"中华老字号"企业。2009年，复茂饼家制作技艺（城厢区）入选"第三批福建省非物质文化遗产"。

复茂始终坚持将产品质量放在首位，先后顺利通过了GB/T 19001—2008/ISO 9001:2008质量管理体系认证、GB/T 22000—2006/ISO 22000:2005标准及CNCA/CTS 0013—2008食品安全管理体系认证，获得了全国工业产品生产许可证，标志着公司的生产迈上了国际化、标准化管理的先进列。在日常生产中，严格遵循"三个注重"：注重全程监控，严格把关，确保食品安全；注重严格自律，及时监管，确保添加安全；注重完善"十大食品安全保障体系"，做良心食品，做健康食品。实现了从原料采购到生产和销售全过程的食品安全保障。

复茂公司积极推动"以人为本，诚信经营"的宗旨，坚持以"新鲜美味的产品、清洁舒适的环境、诚信亲切的服务"的理念为企业的经营原则。复茂通过全体同人的共同努力，如今已组建起完善的市场营销网络体系，产品畅销省内多个地市，深受广大消费者青睐，目前各项业绩正稳步增长，市场规模迅速扩大，市场占有率节节攀升，年产值规模已达到千万元以上，年纳税额达百万元以上。

闽香饼

清道光十八年（1838），据传，林则徐受命钦差大臣入广州查处禁烟，西方多国领事为了奚落中国官员，特备了西餐凉席"招待"林大人，想让这位钦差大臣出丑。这之前林大人没有见过冰激凌，见上面冒着一点冷气，就当是热菜吹了吹，这个举动把外国领事们逗得哈哈大笑。中国自古以来讲究礼尚往来，林大人盛宴回请，林大人特地嘱咐厨子做了一盘福建特色菜肴"闽式芋泥"。"闽式芋泥"不冒热气，犹如冷食，实则烫舌。

众领事见了这色彩缤纷的佳肴，纷纷拿勺子盛下送入口中，果然烫口，却也赞不绝口。

国家特一级面点大师、国家面点金奖得主程强从小便听过这个故事，也深谙中华传统饮食文化的博大精深。程强受到闽式芋泥的启发，采用闽东特产福鼎优质槟榔芋，经反复研究试验，在保留闽式芋泥特色的同时，融入新时代的食材元素，加入咸香咸蛋黄、Q弹内馅、香脆花生等原材料，制成了香糯可口，咸甜适宜，颇具福建特色的"闽香饼"。

闽香饼上市多年来，凭借其浓郁的福建特色、绿色健康的产品理念和极佳的口感，受到消费者的广泛认可。

福州金誉食品有限公司

金誉食品公司创建于1993年，缘于全国面点大赛金牌得主、国家级评委、特级面点大师程强先生荣获"国家金奖"的荣誉而得名"金誉"，象征金牌荣誉的同时更蕴含如金子般坚实的信誉。

公司在全体同人的共同努力下，经过多年的不断耕耘，已拥有一支技术力量雄厚的高素质、专业研发与服务团队，金誉团队凭着对事业与专业的执着，凭着过硬的专业技术，以及对客户的忠诚，以精心研发设计制作健康、新鲜、美味的烘焙糕点食品，以挚诚的服务，取得了骄人的业绩。如今金誉食品已逐步发展为跨省级的著名品牌，连锁烘焙糕点食品专卖店遍布福建省和广东省。

黑豆馅饼

　　馅饼是鼓浪屿有近百年历史的特色糕饼产品。鼓浪屿牌黑豆馅饼，精心挑选上乘原料，以净化水细致清洗，历经四十几道手工制作工艺，层层严格把控产品质量，每一个馅饼都是精工细作，力求呈现地道、古朴、健康的鼓浪屿味道。

　　黑豆馅饼饼皮入口滑润即化，细嚼酥松清甜，馅料颗粒感十足有嚼劲，饱满的黑豆颗粒，口味清甜，有沁人心脾的独特口感。2015年鼓浪屿馅饼入选厦门市思明区非物质文化遗产。

厦门市鼓浪屿食品厂有限公司

　　厦门市鼓浪屿食品厂有限公司前身是成立于20世纪50年代的"鼓浪屿食品生产合作社"，1958年更名为厦门市鼓浪屿食品厂，主营鼓浪屿品牌，旗下涵盖馅饼、绿豆糕、面包、蛋糕、蜜饯、牛轧糖、咖啡等产品。

　　公司为追本溯源，更具针对性地对产品进行质量把控、确保馅饼原料的安全。建立完善严苛的标准，从原材料验收、车间的现场管控、成品出库化验等，在各个环节设置关键的控制点。把每个关键点要控制的参数和指标，从采购管理、原料存储、产品生产、仓储物流至商品销售为闭合点形成质量的闭环管理，并结合成本、国家标准的要求进行产品的规划、研发、包装设计，以确保产品的顺利生产和销售。在这里，每一块馅饼都录入了ERP系统，每一块馅饼都有自己的"身份证"。通过这套ERP系统还可以追溯到馅饼生产的每一个环节，包括供应商提供的原材料信息，从源头上保证了馅饼的安全。

茶月饼

每逢中秋，很多人是把茶与月饼一起作为馈赠亲友的礼物，或者是在品尝月饼的同时小饮一杯香茶，糕点与茶的搭配习俗由来以及，二者一直有着不解之缘。

这款茶月饼，契合人们对茶与月饼组合的期盼，让这两种食材或者食品真正走到了一起，成就了茶月饼的极致美味。

茶月饼用料讲究，首选"茶油"这种风味原料来给产品做风味定型。茶油（又名"山茶油"）原料来自深山幽谷野生茶籽，是高级木本食用植物油。制作中，月饼皮料用茶粉和面，以茶油代替普通色拉油调馅，并在馅料中加入经过粉碎的茶叶。另外，茶月饼中添加 Oligo 益生元，以此来调整肠道菌群，促进机体健康。茶月饼的制作，没有刻意添加防腐剂、人工甘味剂等，让产品具有天然、健康、新口味等特点。

漳州天福茶业有限公司

天福茶食品工厂是天福集团的下属工厂，创建于 1997 年。现有员工 500 多人，主要开发生产与茶叶相配套的茶食品，年产量达 4000 多吨。

天福茶食品以台湾传统工艺技术为基础，融合大陆食品加工的优点，选用上等优质的原辅材料精制而成，产品涵盖糕点、糖果、巧克力及巧克力制品、饼干、炒货食品及坚果制品、方便食品、固体饮料、速冻食品、水果制品、调味糖浆、肉制品等系列食品。目前有硬糖、充气糖果、巧克力及巧克力制品、其他糖果、烘烤类糕点、蒸煮糕点、油炸类糕点、熟粉类糕点、月饼、茶香粽、饼干、蛋卷、炒货食品及坚果制品、速冻食品、水果制品（果酱）、调味糖浆、牛肉制品、猪肉制品生产线各一条，是目前国内较为系统的茶食品加工企业。

公司严格按国际通用的 ISO9001 质量体系、出口食品卫生注册标准、SC 食品质量安全体系和食品安全管理体系进行管理，2012 年 8 月通过 HACCP 认证及 ISO22000 食品安全体系认证，连续多年通过美国 AIB 认证。

第七章　华南地区

食材遍及海、陆、空，四季不绝；食俗汇聚广、客、潮，各滋其味。百姓尤爱糕饼，品种数以千计，更有广式月饼纵横九州。清代，屈大均《广东新语》云『富者以饼多为尚』。华南地区糕饼用料讲究，精工细作，造型雅致，软糯爽口。

莲蓉月饼

作为广式月饼的优秀代表，莲香楼的月饼生产在煮制馅料、制作饼皮、包馅儿、烘烤等工序中具有独特的制作技艺。其中以莲蓉月饼最具代表性。莲香楼莲蓉月饼的制作工艺秉承了广式月饼的优秀传统，同时又具有自己的独到之处。莲香楼从创制出莲蓉那天开始，就坚持以当年产的湘莲、进口的白糖和即榨的花生油产制莲蓉。

莲香楼制作出的纯正莲蓉月饼色泽光亮，果味清新，饼面精致得体，饼皮松软滋润，皮薄馅靓，味美醇香，配以莲蓉馅，口感绵密醇厚，嫩滑清香的莲蓉沁人心脾。

广州市莲香楼有限公司

莲香楼创建于清光绪十五年（1889），至今已有一百多年了。莲香楼除经营传统粤菜之外，莲蓉、月饼、龙凤礼饼、鸡仔饼、嫁女饼等更是中外驰名，产品远销海内外，享有"中国月饼龙头企业"的美誉。

莲香楼有"莲蓉第一家"之称。早在光绪年间，莲香楼老制饼师傅陈维清喝着用莲子煲的糖水，苦思着如何改进制饼工艺，忽然一股清香的甜味沁入心脾，他定神望着碗里的莲子，灵感一动，思虑再三后反复试验，终于制出了清香而不带涩味、色泽金黄、嫩滑、莲味浓郁的馅料莲蓉，莲香楼也因此被誉为"莲蓉第一家"。在粤港一带饼食业流传着一句话："有了莲香楼莲蓉，才有莲蓉月饼"，也奠定了广式莲蓉月饼鼻祖的地位。

广州市莲香楼有限公司是集传统饼食生产、销售于一体的中国商业名牌企业，包括酒家、食品工厂、贸易、食品连锁店等。有中秋月饼、月饼馅料、传统名食、速冻食品、广式腊味、生日蛋糕、面包及中西糕点六大系列，共300多个产品，是"老广州手信"传统和创新系列产品的代表企业，其经营和销售网点遍及全国各地。通过了ISO9001、ISO22000和HACCP体系认证，并符合世界多个进口国的质量卫生标准。

桂花糕

宋代《山家清供》记载："采桂英，去青蒂，洒以甘草水，和米春粉炊作糕，大比岁，士友咸作饼子相馈，取'广寒高甲'之谶。"这应该是史料中关于制作桂花糕最早的记载。古人用"桂林一枝"比喻出类拔萃，后将"折桂"寓意登科。桂林山青水美，物候条件十分利于桂花的生长。桂林桂花，香味浓郁，是制作桂花糕的上佳之选。数百年来，在金秋十月桂花飘香的清晨，每棵桂花树下都忙碌着采摘桂花的人们。心灵手巧的桂林人把精心采摘的桂花制成各式各样的桂花糕、桂花饼、桂花糖、桂花茶、桂花蜜、桂花酒，赠给挚爱亲朋，分享桂花带来的愉悦。

金顺昌顺应自然，在每年金秋佳节桂花花开最佳时期的每日清晨，挑选桂林本土的金桂品种、精心采摘（桂花花期较短，前后仅有4～5天。为了保证产品质量和产量，在花期3～4天内的每天清晨去采摘。这样采摘的桂花不但花香浓郁而且更加有型），2小时内冷链运输至公司，从采摘到秘制4小时内完成，零添加任何食品添加剂，低温、阴凉处糖腌窖藏，应时间醇酿，顺自然生态，静静等待最浓郁醇香的桂花蜜。该工艺不仅完好地保留了桂花金黄的色泽，而且桂花特有的香味更加醇厚。

金顺昌桂花糕以精心秘制的桂花蜜、脱皮绿豆等食材，在传承传统工艺的基础上加以现代工艺配方，经蒸、炒、磨、拌、擀、匣、切等工序精制而成。金顺昌桂花糕色泽金黄，甘甜爽口，细腻化渣，桂香醇郁，轻轻地把它置于口中，甘甜清香的味道从舌尖蔓延，细腻的质感在口中久久徘徊。

桂花是中国十大名花之一，也是桂林的市花。因其品性高洁深受中国古典文化的推崇。桂花又有保健养生的功效，桂花入馔的历史也非常悠久。

全国桂花鲜花的总产量约800万斤，桂林约450万斤，占全国总产量的60%，无论数量、品质，都在全国拔得头筹。在桂林人的生活中，桂花糕、桂花酥、桂花茶、桂花酒、桂花蜜等桂花美味随处可见。近年来，随着旅游消费的日益提升，桂林桂花糕、桂花酥伴手礼已经形成一定市场规模，并逐渐成为桂林旅游的新名片。

金顺昌桂花酥以精心秘制的桂花蜜、红薯、芋头、糯米、植物油等为原料，在传承传统工艺的基础上加以现代工艺配方，经碾、磨、压、蒸、炸、拌、擀、匣、切等工序精制而成。该产品色泽金黄，酥脆爽口、甜而不腻，桂香清香，轻轻地把它置于口中，咬一口酥脆到心坎里。色泽金黄、桂花清香的每一块金顺昌桂花酥，都代表着我们对亲人、朋友及消费者的美好祝愿！

桂林市顺昌食品有限公司

桂林市顺昌食品有限公司始创于1987年,公司旗下有金顺昌、金万祥、伍福顺、伴手礼、老三宝、逗子桂等十几大品牌,其中金顺昌为广西著名商标。公司主要产品有糕点、本土特色传统食品、中秋月饼、糖果制品等几百个品类。

近年来,顺昌公司着力品牌建设,凭借桂林丰富的旅游资源,以金牌"桂花糕"产品为代表,打造以"桂花"为主题的桂林特色伴手礼。公司所有产品已通过ISO9001质量管理体系认证和ISO22000食品安全管理体系认证。公司严格执行体系管理,各环节层层把关:从原料采购、生产过程、执行标准、产品检验、产品储存、产品销售到售后服务、信息反馈都进行信息化系统管理。

2018年,桂林市顺昌食品有限公司联合中国食品报社糕饼研究院成立"桂花糕饼文化与技艺研究中心",并斥资建设中国桂花文化博物馆,将桂花糕饼文化发扬光大。

如今,桂花糕已经成为桂林乃至广西糕饼行业的代表产品,成为桂林山水之外的一张人文名片。

叉烧五仁月饼

　　登峰实业郭师傅出品的叉烧五仁月饼，真材实料，坚持酥皮饼皮，口感层次丰满，薄皮大馅，经过烘烤之后会出现自然的龟裂，是登峰实业郭师傅月饼标志性特征之一。

　　叉烧五仁月饼的制作，需甄选 38 种原材料，经过 10 道工序，18 种制作工艺加工而成。其中，叉烧五仁月饼中蒜香油的制作非常讲究。一般氢化油、色拉油、混合油均不能使用，因为这些油在加热至 150℃后会碳化产生浓郁的焦味，根本不能用于蒜香油的制作。制作蒜香油要选用纯正地道的花生油，加热至 203℃，将切成颗粒的干蒜头倒入炒锅，快速炸熟过滤起锅制成蒜香油。

　　叉烧五仁月饼中叉烧肉的选料尤为讲究，一定要选用长期食用天然饲料、腿长身粗的山区走地猪，而且饲养期必须在 18 个月以上。只有符合以上条件的优质猪肉才能制作出香脆嫩滑的叉烧肉。叉烧五仁月饼杜绝一切化学合成香料，保留叉烧肉最原始、最天然的风味。

　　此外，无论是陈皮的加工、麦芽、冬蓉、冰肉、叉烧肉的制作，登峰实业都要求用新鲜纯正的优质食材。

　　登峰实业郭师傅以四条隧道炉烘烤月饼，自动烘烤成型，360 度无死角烘烤，保证月饼每个角度都烘烤得刚刚好。

　　月饼所有的配方由机械电脑记忆配置。每一年的数据配比将根据当季食材的湿度、口感变化重新进行配比，每一年会在上一年数据的基础上进行调整，确保月饼口感最佳。

　　独创研发的电脑应用系统，供两条全自动生产线专门进行五仁跟叉烧数据配比。所有的轨道连接二楼生产车间，果仁食材经过筛选自动传输，实现全自动流水线生产，以确保食品安全。

惠州市登峰实业有限公司

常说一盒月饼包裹着家的温暖。月饼对于人，是味道，是回忆，更是情感传递的乡愁。惠州登峰实业所运作的品牌郭师傅月饼，作为岭南本土品牌，在惠州扎根30余年，一直深受市民的喜爱。

登峰实业郭师傅饼店创建于1966年，现生产基地位于惠州市水口东江工业园，是集食品生产、研发、销售为一体的现代科技型食品企业。创始至今，企业始终以弘扬岭南美食文化为使命，以传承岭南糕饼技艺为己任，坚持走手工先导、品质为本、特色经营、综合开发之路。

2018年生产基地启动30000平方米全新工厂。从隧道炉到冷却车间，到包装车间，均为10万级净化车间，符合国家SC标准，保证生产全过程在一个洁净安全的环境中进行，确保食品安全。

面对日益激烈的竞争市场，登峰实业郭师傅将不断融合、传承、创新，成为岭南味道的领军企业，走出了一条跨越式发展之路。

潮式朥饼

自汉末，中原士族为避战乱大举南迁，中原移民和闽南汉人不断迁入潮汕。潮式朥饼，是中原节令食俗、古闽粤文化与潮汕本土的饮食与食材融合发展而成，并与潮汕独特的自然环境、人文素质、生产水平密切相关。

作为潮式月饼的朥饼，不仅深受潮汕人民喜爱，也传播至全国的许多地方，并随着华侨传至海外。茂发潮式朥饼工艺不同于其他帮式月饼，风味独特，其发展根源可从两个方面进行追溯：一是从饼皮制作的包酥工艺，该工艺源自唐宋时期北方饼食工艺，流传演变至今又分为大包酥（今苏式月饼的工艺）和小包酥（潮式月饼的工艺），小包酥在工艺上更加复杂，更加精细。二是，潮式朥饼的工艺也继承了该时期中原移民所带来的民间饼食制作工艺，经过不断的改良完善，最终形成包括潮式朥饼在内的潮式饼食流派。

2014 年，茂发潮式朥饼制作技艺入选广东省非物质文化遗产名录。

汕头市茂发食品有限公司

　　清朝末年，有汕头人士郑日荣，在达濠古镇浅前街创立"创发记"糕饼店，专门制作潮式朥饼，生意日隆。1987年，"创发记"第四代传人郑茂松创办汕头市茂发食品有限公司，遵循家传制饼技艺，进行潮式朥饼的加工生产。

　　茂发潮式朥饼制作技艺，展现出潮汕文化中精雕细琢、精益求精的工艺风格与文化内涵，成为连接海内外潮汕人的文化纽带之一。茂发企业一直致力于发掘潮式朥饼的文化内涵和营造节庆氛围、推动潮式朥饼传承与发展，将潮式朥饼美食文化更好地传扬，让更多的人享受潮汕美食，品味潮汕文化。

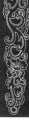
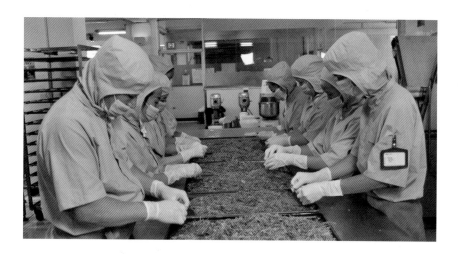

五仁至尊大月饼

公元前214年，连接中原与岭南八桂地区的水利工程灵渠修通，湘江与漓江水系连为一体，秦在桂林设象郡，北方先进的农耕与航运技术，传播到桂林及周边地区。

从那时起，漓江船上人家，成为一个特殊的族群，他们的饮食起居，也成为岭南百越族群对中原先进生活方式的示范性传承。漓江船上人家源自中原的中秋五仁大月饼，也一代代传承了下来。

五仁至尊大月饼是桂林陈氏大家庭食品科技有限责任公司传承并改良的特色月饼，因馅中有火腿、叉烧、橄榄仁、桃仁、杏仁、麻仁和瓜子仁而得名。它具有配料考究、皮薄馅多、味美可口、不易破碎、便于携带等特点。月饼呈鼓形，边稍鼓出，花纹和字迹清晰，形状端正，不破皮，不露馅，边角分明；表面金黄色，无白点，色泽均匀，具有油脂光泽，口味香甜，具有火腿、叉烧和多种果仁的香味。

桂林陈氏大家庭食品科技有限责任公司

桂林陈氏大家庭食品科技有限责任公司是一家集科研、生产、销售为一体的现代化烘焙企业，主要生产经营面包、蛋糕、酥饼、月饼类食品，拥有 70 多家连锁直营分店。20 年来，公司占据桂林市地标商圈，成为桂林烘焙食品零售行业中时尚、健康的领跑者，广西最具研发、创新实力和影响力的烘焙企业之一。

七星伴明月月饼

　　七星伴明月月饼，属于广式蛋黄莲蓉月饼。上市多年，深受消费者喜爱。采用百分百的原粒湘莲，经过脱衣、开边、去芯、筛选、蒸煮、配料、磨浆、铲蓉等步骤，制成纯莲蓉馅料。再搭配精选优质咸蛋黄，精制而成。饼身端正，色泽金黄，造型美观，图案精致，花纹清晰。切开月饼，皮薄馅靓，松软、细腻、不黏刀。口感香甜，绵滑，散发淡淡的莲子清香味道，加上起沙的蛋黄，让口感更有层次感。

　　330克重的清香四黄白莲蓉月饼，为"大七星"，加上七个清香蛋黄白莲蓉月饼"小七星"，从名字到礼盒的实际摆放，都诠释着"七星伴明月"这个寓意深刻的主旋律。

佛山市顺德区苏氏荣华食品有限公司

　　佛山市顺德区苏氏荣华食品有限公司始创于1983年，已有30多年历史。工厂坐落于交通方便、经济发达的佛山顺德区，占地面积2万多平方米，是香港苏氏食品有限公司在大陆的合资企业。

　　公司拥有国内外先进的现代化生产设备，并引用香港苏氏食品有限公司之管理概念与CS，执行顾客满意系统和创新务实、执着奉献的企业文化，通过了ISO9001质量体系认证、ISO22000食品安全管理体系认证；通过优化管理，公司成了佛山市卫生局评定的佛山市食品卫生等级A级单位、创建国家卫生镇先进企业。公司拥有中国十大烘焙名师级别的一流技术人员，精心研发，选用上乘的材料，秉承中国传统工艺，结合传统工艺加现代化生产设备专业生产优质的"荣华"牌月饼、龙凤礼饼、蛋卷，并坚持自制纯白莲蓉馅类、特色馅类等优质月饼馅料、烘焙点心食品馅料。

　　沙琪玛是京式糕点的重要代表之一。沙琪玛又称萨琪玛，关于萨琪玛的由来传说很多，比较一致的观点是萨琪玛属于满洲饽饽。切块和码放整齐是萨琪玛制作、存放的重要环节。"切"字，满语为"萨其飞"；"码"满语是"玛拉木壁"。"萨琪玛"一词始见于清乾隆三十六年（1771）大学士傅恒所著《御制增订清文鉴》中："萨琪玛，把白面经芝麻油炸后，于糖稀中掺和。"

　　20世纪80年代，徐福记已在台湾生产和售卖沙琪玛产品。1993年，第一块徐福记沙琪玛进入中国内地。2004年，完成中国第一条全自动化沙琪玛生产线，至今已有11条全自动化沙琪玛生产线。2008年，徐福记参与起草沙琪玛国家标准并经国家质量监督检验检疫总局、中国国家标准化管理委员会发布。

　　2016年，徐福记沙琪玛全新升级并在全国上市。在此之后，徐福记沙琪玛仍以鸡蛋系列为主流明星产品；同时针对年轻消费者的口味进行大胆创新，推出时尚年轻化的新品，如谷谷棒、巧芙町等。在配方升级上，主要是添加麦芽糖醇糖浆，提升沙琪玛口感松软度；提高蛋液含量，蛋味更香浓，口感更松软。与传统的沙琪玛相比，升级后的沙琪玛蛋味更香浓，口感更松软，入口也感觉更湿润。

　　沙琪玛采用新鲜的鸡蛋和富含蛋白质的小麦粉制作而成，是碳水化合物和蛋白质的很好来源，提供能量，不仅可以作为早餐，更可在体力劳动后或是一天中的任何需要补充能量的时刻轻松方便地享用。

凤梨酥

凤梨酥是台湾最具代表性的伴手礼产品，融合了台湾特产凤梨和台湾糕饼师傅的精湛技艺。在台湾，凤梨谐音"旺来"，象征子孙旺旺来之意，因此，凤梨酥尤为受到消费者的喜爱。20多年前徐福记将台湾地道凤梨酥分享给广大消费者，受到消费者喜爱，公司近五年销售增长2.5倍。

为满足消费者对高端化食品需求的趋势，徐福记推出了高端产品——厚切凤梨酥，独特的厚实馅料，带给消费者全新的口感体验。用精湛独特工艺制作的超过20毫米的独家厚度的厚切凤梨酥，让你咬下每一口香酥外皮都夹带着丰富的水果馅料。

厚切凤梨酥加入了更多的凤梨果肉，增加了丰富的纤维口感。同时严

选独特水果调制全新口味：加倍添加凤梨果肉的土凤梨口味、加入珍贵莓果之王的蔓越莓口味、添加严选菲律宾上乘优质椰子肉制成的南洋椰蓉口味、加入泰国久负盛名的"水果之王"金枕头榴莲口味，还有香甜的台农芒果口味。

东莞徐福记食品有限公司

徐福记始创于 1992 年，主要的生产基地坐落于广东东莞，总占地面积超过 50 万平方米，拥有 48 个大型现代化车间，160 条高品质自动化生产线，450 台高速包装设备。主要生产糖果、糕点、沙琪玛、巧克力及果冻等休闲糖点食品，散、包装类糖点食品超过 1000 多个款式，日产能超过 1600 吨，拥有超过 2900 个大型货柜的自动化仓储物流调拨能力，以强大的效率充分供应市场和消费者，产品畅销全国 31 个省、自治区、直辖市；103 家分公司、49 家营业所覆盖超过 2000 个县级行政区，近万名的销售团队经营及管理超过 46000 个终端零售门店，快速及时地提供市场与消费需求的全面服务。自 1998 年以来，在糖果市场上的销量与占有率连续 16 年稳居国内第一名。

近年在河南驻马店创建生产基地与物流中心，一期、二期占地总面积达 38 万平方米，除了兴建自有的农副产品加工厂，还逐步扩建糖点生产线及物流基地，以满足华中及华北地区的长期发展需求；同时在成都、西安设立区域物流中心，更有效地掌握辐射区域的分销作业。

蛋黄酥月饼

蛋黄酥月饼，源于台式传统糕点蛋黄酥，做法与苏式月饼有很多共通之处。传统的蛋黄酥用的是猪油，现在采用时尚的黄油原料，除去了熬猪油的麻烦，并且增强了愉悦的口感，使得成品有一股浓浓的奶香味。

蛋黄酥月饼，纯手工制作，揉面、包馅、塑形，选材严格层层把关，用到的每种材料都要用心挑选。精选洞庭湖出产的新鲜鸭蛋，通过四十多天的精制，蛋黄色泽油润；湖南湘潭洞庭湖畔正宗湘莲，精挑细选后配上鲁花花生油、广西特级碳化白糖，经独特工艺煮制成莲蓉馅，细腻纯滑，晶莹透亮。

产品的制作过程严格遵循传统原料比例配置，不多加不少料，达到营养搭配与口味组合的均衡。尤其是采用"烘生黄"这一先进工艺而制作出来的蛋黄酥月饼，色泽金黄、外形饱满，内包一整颗完整的咸蛋黄。蛋黄成熟后油润、松化，蛋黄的醇香、莲蓉的清香交融，更是相得益彰，回味无穷。

深圳富锦食品工业有限责任公司

深圳富锦食品工业有限责任公司（原深圳市永联盛工贸有限公司）始建于 1997 年，是一家集研发、生产、销售、贸易为一体的大型企业。

公司秉承"制造让消费者百分百放心满意食品"的经营方针，经过富锦人 20 年的努力奋斗，已建成自有 100 多亩的专业食品工业园。公司现有各类技术专才及员工千余人，果仁和山珍海味车间拥有 3 条自动生产线，草饼车间拥有 6 条全自动生产线，日均最大产量达到 40 吨，领先于全国草饼（麻薯）食品企业；另外还拥有 5 条现代化月饼生产线，全智能打饼机、全自动包装机和包馅机各 20 台，38 米长的隧道炉 4 条；日均最大产量可以超过 230 万个饼，自产馅料车间日均最大产量 35 吨，成为国内最具规模的月饼生产基地之一。

公司凭借设备先进的产品研发实验室、产品检验室和全封闭的 10 万级无菌生产车间，严格遵循 ISO9001 质量体系和 HACCP 食品安全体系，通过高科技自动化生产和传统生产工艺相结合，生产的产品既保留传统广式月饼特点，又体现现代新潮月饼风格，成为众多星级酒店及集团企业竞相选择的月饼代加工合作伙伴。

奶仁蛋莲月饼

　　广式月饼，因其选料精细和制作精巧，皮薄松软、造型美观、携带方便，成为人们在中秋月圆之夜不可或缺的美味。广式月饼的特点是重油、皮薄、馅多。馅料多选用当地著名特产，如椰丝、橄榄仁、蜜橘饼、广式香肠、叉烧肉、咸蛋、糖渍肥膘等。在工艺上，制皮、制馅均有独到之处，外皮棕红有光，并有清晰、凹凸的图案，馅心重在味道和质地。在风味上，善于利用各种呈味物质的互相作用构成特有风味，如用糖互减甜咸、用辛香料去肉类腥味，利用各种辅料所具有的不同分子结构而产生不同的色、香、味，形成蓉沙类馅细腻润滑、肉禽类和水产制品类口味甜中带咸的特点。

　　广式月饼品种繁多，传统广式月饼按其馅心不同可分果仁型、肉禽型、椰蓉型、蓉沙型等，20世纪90年代后又开发了水果型、果酱型、蔬菜型等。日威公司研发的奶仁蛋莲月饼在饼皮中添加有纯牛奶和绿豆，加以新创工艺制作，区别于传统的广式糖浆皮，奶香浓郁，口感松酥；其馅料则在传统莲蓉中加入核桃仁、松子仁和橄榄仁，软糯的莲蓉与松脆的果仁交融，配上油沙的咸蛋黄，口感层次丰富，兼具传统莲蓉和五仁的风味，吃起来甜而不腻，吃完后回味无穷、唇齿留香。本产品的工艺和配方已申请国家专利，专利申请号为：2018060600990260。

中山市日威食品有限公司

中山市日威食品有限公司，1998年创建于中山市小榄镇，是一家专业从事中西式烘焙、集开发、设计、生产、销售为一体的现代化大型食品企业。主打产品为月饼、曲奇、代餐饼、蛋卷、肉松饼等糕点。公司每年都推出引导时代新潮流的产品及包装，销售网络覆盖全国各个省市，并为众多客户提供OEM服务。

公司拥有占地面积3万多平方米的花园式厂房，生产高峰期员工高达1000多人，并先后投入2500多万元引进国内外各类先进生产设备及检测仪器，全部实现机械化、自动化生产。各项经济指标均居省内同行业中前列，社会效益和经济效益显著。公司拥有强大的研发能力，2017年通过中山市中式糕点工程技术研究中心和国家高新技术企业的认定。

公司采用ISO9001国际质量管理体系和ISO22000国际食品安全管理体系进行管理，车间卫生符合出口食品卫生企业注册要求，使产品有可靠的质量、卫生及安全保障。并配备有多条国内最先进的食品生产线，机械化水平均位居全国前列。拥有多位长期从事烘焙行业的资深糕点的调配师和国际一流的包装设计师和其他专业精英人才。科学的配方、精湛的工艺、独特的品位、新巧的包装并辅助以严格的管理，成就了始终如一的卓越品质。

蛋黄酥

据清代顾仲《养小录》记载，早在清代时期，广东就流行一款名点——皮蛋酥。"生面，水7分，油3分，和稍硬，是为外层。生面每斤入糖200克，油和，不用水，是为内层，扞须开折，须多遍则层多，中实果馅。"这种和面的工艺和组合方式，也可被认为是蛋黄酥产品的雏形了。

"酥"特指用油、水、面粉及馅料为原料，制作成型后经烘烤或油炸而成的饼食、点心，其质地松酥易碎，口感香糯怡人，这类食品历来被人们称为酥饼、酥点，深受消费者喜爱。

蛋黄酥的制作十分注重用料的精选与酥皮制作方法。酥皮是以水油皮包入油酥心，然后进行多次折叠，而后再包入馅心和咸蛋黄。

酥，是蛋黄酥外皮最重要的标准之一，需层层酥脆；中间馅料以纯莲蓉做底料，细腻绵柔、清香嫩滑；中心的蛋黄是利用低盐进行长时间腌制，颗颗精选，鲜香入味，沙软流油。时尚外皮的香酥、传统馅料的完美过渡，加上松软爽口的蛋黄饼心，三个层次彻底化为一口幸福的满足，不仅是百年经典工艺的完美传承，更是心意礼诚的极致融合。

深圳市麦轩食品有限公司

麦轩品牌源于香港元朗，此地因盛产传统饼点而闻名遐迩。麦轩饼家总店位于元朗五合街，始创于1932年，因所制家传招牌老婆饼而名响一方。麦轩饼家传人庄氏，聪颖好学，不以家传为足，游学四方，尝天下美点，访岭南名师，融会贯通，不断精进烘焙之法，遂创"麦轩"品牌，终以"擅选料、勤管理、巧加工、重品相"而自成一派，传承百年。

1993年，麦轩品牌进驻深圳宝安区松岗街道，以家传老婆饼起家开设饼厂，到2002年进行公司化运作，2005年建成现代化传统糕点生产基地。企业拥有全封闭净化车间，总面积12000平方米，在职人员150余人，研发设计队伍和食品专业技术人员达20余人，并外聘专家顾问。企业严格按ISO22000体系管理，控制供应链和生产的每一个环节，保证产品品质在稳定中持续创新。

玫瑰凤凰蛋卷

东莞地方方言称鸡蛋卷为"鸡蛋通"。因其形状呈水管状，故叫"通"！东莞人个个都爱吃蛋卷，鸡蛋卷是逢年过节必备的美食之一，许多老人和年轻家庭主妇都会做。

创始于1960年的鑫源食品，最开始只经营酱油、酱菜，1982年创始人陈什根开始跟随奶奶学习手工制作厚街蛋卷，并将此加入鑫源产品中。凤凰卷是在传统蛋卷的基础上延伸的一种蛋卷。为了提升造型美感，特意将蛋卷做成方形，取名"凤凰卷"，寓意吉祥。

随着时代的变迁，同类型的产品琳琅满目，制作工艺和口感雷同。为了做出差异化的产品，东莞市鑫源食品有限公司承前启后，在原工艺基础上，独创了"玫瑰凤凰卷"。用色彩艳丽夺目的玫瑰花瓣提升产品的色泽和口感，其口感酥脆，蛋味浓郁，清甜椰丝与香菜交融，让消费者在品尝美味食品的同时，也仿佛融入了一片茫茫无际的玫瑰花海当中，芬芳满溢！

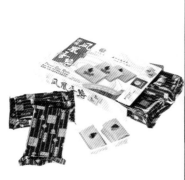

东莞市鑫源食品有限公司

东莞市鑫源食品有限公司始创于 1966 年，注册于 1984 年。公司现位于广东省东莞市厚街镇莞太公路下汴汴康工业区，是综合型的食品加工和销售企业。公司主要产品有腊肠、腊肉、月饼、月饼馅料、鸡蛋卷、曲奇饼、鸡仔饼、杏仁饼、炒米饼、陈皮酥、凤梨酥、婚嫁礼饼、粽子、油炸产品（椰茸酥角、象形金钱酥、象形牛耳朵）、龙眼肉、荔枝干、鱼干、糖果等。

公司已取得肉制品（腌腊肉制品）、饼干、糕点（烘烤类糕点、油炸类糕点、蒸煮类糕点、月饼、月饼馅料）、水果制品（水果干制品）、水产加工品（干制水产品）、糖果制品（糖果）食品生产许可证，通过了 ISO9001-2015 质量管理体系认证、危害分析与关键控制点（HACCP）体系认证、BRC 食品安全全球标准认证和出口食品生产企业备案。

公司具有高素质的管理人才，先进节能、高效环保的生产设备，休闲别致的生活小区、图书室，舒适卫生的员工食堂，配有空调、冷热水设备的员工宿舍。

公司奉行"质量为本、诚信经营、顾客至上、不断创新"的经营宗旨，不断开创新产品，实行科学规范管理，在管理工作中建立了符合时代要求和市场经济规律的企业管理手册；在经营销售上建立了市场承揽、产品销售、货款回笼、廉洁公正、塑形创优为一体的经营销售工作管理办法；在质量管理上，积极按照《食品安全法》和产品的标准要求严格把好质量关，以质量管理体系和食品安全标准体系作为公司的管理导向，走向规范化管理。

目前，鑫源公司有自营专卖店多家，代销客商达到 200 多家，产品远销至我国香港、华东和珠三角以及美国、加拿大市场。

经典
CLASSIC

双黄莲蓉月饼

　　双黄莲蓉月饼，是广式月饼的代表性产品，一直深受广大消费者的喜爱。

　　百威公司的双黄莲蓉月饼选料严苛，工艺精湛。莲蓉馅料选用当年产的正宗湘莲，熬制出的莲蓉馅料软糯清香。蛋黄部分则选用湖北野生的鸭蛋黄，蛋香浓郁，肥美透亮。双蛋黄让喜爱蛋香味道的顾客可以充分感受蛋香的美味。饼皮坚持传统的广式月饼皮制法，晶莹通透，入口绵软，月饼形状丰美、鲜腴。

中山市百威食品有限公司

中山市百威食品有限公司成立于 1992 年，坐落于经济发达、交通便利的珠三角腹地中山市小榄镇。公司引进国内外一流的生产设备，现已发展成为集设计、研发、生产、销售为一体的多元化大型烘焙食品企业。

公司始终坚持"注重开发、更有创意、更不平凡"的经营理念，以品种齐全、质量稳定、设计新颖而备受广大消费者青睐及好评。百威已通过 ISO22000 国际食品安全管理体系认证、ISO9001 国际质量管理体系认证。百威月饼、百威蛋卷、百威曲奇为公司旗下三大优势产品，公司坚持"质量优先、诚信为本"的企业经营传统。百威月饼以"皮薄馅靓、清香不腻"的特色；百威蛋卷以 100% 纯手工、不加一滴水的工艺；百威曲奇以醇厚浓郁的风味，赢得了市场认可。

广东，食材丰富，美食文化深厚，糕饼产品更是多姿多彩。老婆饼、绿豆饼是广东传统糕饼产品，佳汇香对这些传统糕饼产品进行了融合改良，研发出细沙水果饼，一经上市便深受消费者的喜爱。

细沙水果饼的饼皮采用特制小麦粉，经研发人员多次配方调整，水皮包油，多次折叠开酥，使饼皮具有16层结构，柔软、细腻、化口好，不掉粉，其把老婆饼与软曲奇两种饼皮进行了完美的结合。

馅心，分为内馅和外馅。外馅，采用缅甸进口开边绿豆制作，颜色亮丽，口溶性好。因淀粉含量比一般的绿豆高，沙质感强，"细沙水果饼"由此得名。为降低馅料甜度，在确保产品质量前提下，采用汇洋海藻糖以30%的最大限度量替换白砂糖。既降低了产品的甜度，又防止了淀粉老化，使产品在保质期内，从始至终都能保持最佳的口感。内馅，均采用天然水果果肉，经过特殊工艺加工而成，最大限度地保留了原有水果的营养、色泽与风味。例如榴莲内馅，采用泰国东部金枕榴莲，风味好，糯性强，营养成分高。经过几年实践和工艺控制，使用了冷加工工艺，最佳地保留了榴莲固有的风味与营养。

广东佳汇香食品有限公司

广东佳汇香食品有限公司,坐落于中国食品名镇——东莞市茶山镇,是由国内资深食品企业联合创办,集自主研发、生产、销售于一体的现代化糕饼产品生产企业。公司通过 BRC 管理体系的认证,工厂占地面积三万平方米,拥有两栋四层每层 2000 平方米 10 万级生产车间,并引进国内外多条先进生产线,日产量达 80 吨以上,预估年产值达三亿元。

公司旗下"爱吃堡""高小妹"两大品牌的糕饼系列产品,行销市场,深受广大消费者喜爱。近年来,公司研发主打的水果系列糕饼产品,是在继承传统老婆饼、绿豆饼的基础上,再加上创新配方、先进的工艺与科学的管理,把老婆饼的酥香、绿豆的清凉、水果的丰富营养完美结合为一体,让传统糕饼产品焕发出新的魅力!

2019 年春季,公司在水果系列产品的推陈出新基础上,再下大力气,开发"潮饼"系列产品,目前已有"陈皮绿豆"与"青梅红豆"两个产品上市。在传统绿豆与红豆馅料内,加入经特殊工艺加工的蜜渍豆粒、蜜饯果粒。产品组织酥松、口感清凉、余味悠长,沁人心脾,带给消费者无尽的相思与回味。

国　饼　糕

苏州（苏州）

苏州长发　苏州都好

江苏六朝十代　泰州市红五星

南京冠生园　嘉兴市真真老老

上海阿哆诺斯

苏州市百龄麦　江苏万千　爱哆哆喜饼

黄山市胡兴堂

浙江山山家　宁波南苑　衢州市邵永丰　漳州天福茶　广州市莲香楼

桂林陈氏大家庭

厦门市鼓浪屿　福建复茂　福州金誉

惠州市登峰实业

佛山市顺德区苏氏荣华　桂林市顺昌

汕头市茂发　东莞徐福记　深圳富锦　中山市日盛

深圳市麦轩　上海功德林　东莞市鑫源　中山百威　广东佳汇香